CADERNO DE ATIVIDADES

Organizadora: Editora Moderna
Obra coletiva concebida, desenvolvida e produzida pela Editora Moderna.

Editor Executivo:
Cesar Brumini Dellore

5ª edição

© Editora Moderna, 2018

Elaboração de originais:

Maíra Fernandes
Mestre em Arquitetura e Urbanismo pela Universidade de São Paulo, área de concentração: Planejamento Urbano e Regional. Licenciada em Geografia pela Universidade de São Paulo. Professora em escolas particulares de São Paulo.

Coordenação editorial: Cesar Brumini Dellore
Edição de texto: Andrea de Marco Leite de Barros, Silvia Ricardo
Gerência de *design* e produção gráfica: Sandra Botelho de Carvalho Homma
Coordenação de produção: Everson de Paula, Patricia Costa
Suporte administrativo editorial: Maria de Lourdes Rodrigues
Coordenação de *design* e projetos visuais: Marta Cerqueira Leite
Projeto gráfico e capa: Daniel Messias, Otávio dos Santos
Pesquisa iconográfica para capa: Daniel Messias, Otávio dos Santos, Bruno Tonel
Foto: Andrey Armyagov/Shutterstock
Coordenação de arte: Carolina de Oliveira Fagundes
Edição de arte: Paula Belluomini
Editoração eletrônica: Casa de Ideias
Coordenação de revisão: Elaine C. del Nero
Revisão: Renato da Rocha Carlos
Coordenação de pesquisa iconográfica: Luciano Baneza Gabarron
Pesquisa iconográfica: Camila Soufer
Coordenação de *bureau*: Rubens M. Rodrigues
Tratamento de imagens: Fernando Bertolo, Joel Aparecido, Luiz Carlos Costa, Marina M. Buzzinaro
Pré-impressão: Alexandre Petreca, Everton L. de Oliveira, Marcio H. Kamoto, Vitória Sousa
Coordenação de produção industrial: Wendell Monteiro
Impressão e acabamento: Ricargraf
Lote: 277933

Dados Internacionais de Catalogação na Publicação (CIP)
(Câmara Brasileira do Livro, SP, Brasil)

Araribá plus : geografia : caderno de atividades / organizadora Editora Moderna ; obra coletiva concebida, desenvolvida e produzida pela Editora Moderna ; editor executivo Cesar Brumini Dellore. – 5. ed. – São Paulo : Moderna, 2018.

Obra em 4 v. para alunos do 6º ao 9º ano.
Bibliografia.

1. Geografia (Ensino fundamental) I. Dellore, Cesar Brumini.

18-17144   CDD-372.891

Índices para catálogo sistemático:
1. Geografia : Ensino fundamental 372.891
Maria Alice Ferreira - Bibliotecária - CRB-8/7964

ISBN 978-85-16-11224-0 (LA)
ISBN 978-85-16-11225-7 (LP)

Reprodução proibida. Art. 184 do Código Penal e Lei 9.610 de 19 de fevereiro de 1998.
Todos os direitos reservados
EDITORA MODERNA LTDA.
Rua Padre Adelino, 758 – Belenzinho
São Paulo – SP – Brasil – CEP 03303-904
Vendas e Atendimento: Tel. (0_ _11) 2602-5510
Fax (0_ _11) 2790-1501
www.moderna.com.br
2019
Impresso no Brasil

1 3 5 7 9 10 8 6 4 2

Imagem de capa

Satélite em órbita do planeta Terra: o aumento do fluxo de informações conecta lugares e modifica as relações culturais e econômicas em escala global.

SUMÁRIO

UNIDADE 1	Geopolítica	4
UNIDADE 2	Globalização	13
UNIDADE 3	O continente europeu	23
UNIDADE 4	União Europeia e Rússia	31
UNIDADE 5	O continente asiático	40
UNIDADE 6	China	50
UNIDADE 7	Japão e Tigres Asiáticos	61
UNIDADE 8	Oriente Médio, Índia e Oceania	70

UNIDADE 1 GEOPOLÍTICA

RECAPITULANDO

- No mundo atual, os interesses nas regiões que apresentam recursos naturais e energéticos de grande valor econômico e a busca pela expansão das fronteiras estão entre as principais causas de conflitos armados. A intolerância étnica e religiosa também causa tensões e conflitos.
- Um Estado pode ser considerado uma potência quando seu poder econômico, político e militar faz com que ele exerça influência ou se imponha sobre outros.
- Nos dias de hoje, a relação entre os países é marcada, em muitos casos, pela disputa por influência em aspectos econômicos, militares ou territoriais.
- Áreas com abundância de recursos naturais energéticos são importantes para a manutenção dos interesses estratégicos dos países.
- As nações consideradas desenvolvidas competem internacionalmente pelo controle do comércio e fazem com que o cenário geopolítico mundial seja caracterizado pela desigualdade entre as nações.
- A concentração de renda e o aumento nos custos de importação e de transporte de alimentos comprometem a segurança alimentar de determinadas regiões do mundo.
- A diplomacia é o caminho pelo qual a resolução de conflitos ocorre com a mediação de representantes de Estado ou de organizações internacionais especialistas em política externa.
- As organizações multilaterais são aquelas que envolvem a participação de países em suas decisões para evitar que aconteçam conflitos de ordem política, econômica, por fronteiras ou domínios territoriais.
- O Conselho de Segurança da ONU é responsável pela manutenção da paz e da segurança internacional.

1. O que é geopolítica?

_____
_____
_____

2. Cite os principais fatores que, no mundo atual, provocam conflitos, tensões e guerras entre os países.

_____
_____
_____
_____

3. Complete o quadro.

Exemplos de conflitos internacionais recentes no mundo		
País ou região	Tipo de conflito	Causas
Ruanda		
Israel e Palestina	Territorial	
Crimeia		

4. Assinale a alternativa que completa corretamente o texto abaixo.

Em 2003, os Estados Unidos invadiram o ▬▬▬▬▬▬ sob o pretexto de que o presidente Saddam Hussein escondia armas de destruição em massa. Muitos estudiosos consideram, entretanto, que a disputa pelas reservas de petróleo foi o verdadeiro motivo da invasão.

a) Irã.

b) Afeganistão.

c) Kuait.

d) Iraque.

5. Assinale a alternativa que apresenta a sequência dos acontecimentos históricos que contribuíram para a divisão do mundo em Ocidente e Oriente.

I. Expansão ultramarina da Europa e desenvolvimento do Sistema Colonial.

II. Invasões bárbaras e isolamento de grande parte da Europa durante a Idade Média.

III. Derrota do Império Bizantino e queda de Constantinopla.

IV. Divisão do Império Romano.

a) III, IV, II, I.

b) II, III, IV, I.

c) IV, II, III, I.

d) I, II, III, IV.

6. Por que é possível afirmar que, na atualidade, a divisão do mundo entre Ocidente e Oriente perdeu importância?

_____
_____
_____
_____
_____

7. Complete o esquema sobre as formas de um país exercer influência sobre outro no mundo atual.

Formas de um país exercer influência

Econômica:	Militar:	Territorial:

8. Por que os Estados Unidos são considerados uma potência econômica e militar?

_____
_____
_____
_____
_____
_____

9. Com base em seus conhecimentos e na interpretação do gráfico, responda às questões abaixo.

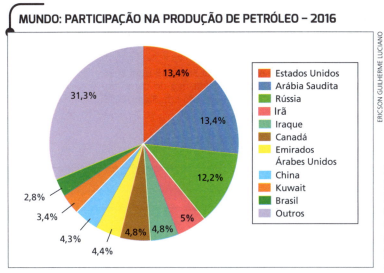

MUNDO: PARTICIPAÇÃO NA PRODUÇÃO DE PETRÓLEO – 2016

Fonte: INSTITUTO BRASILEIRO DE PETRÓLEO, GÁS E BIOCOMBUSTÍVEIS. Disponível em: <https://www.ibp.org.br/observatorio-do-setor/maiores-produtores-de-petroleo-e-lgn-em-2016/> Acesso em: 6 nov. 2018.

a) Quais países se destacam entre os principais produtores de petróleo?

_____

b) Por que a extração e a venda de petróleo são consideradas estratégicas?

_____

10. Considerando Brasil, Argentina, México e África do Sul, classifique cada uma das afirmativas abaixo em verdadeira (V) ou falsa (F).

( ) Desenvolveram o setor industrial tardiamente se comparados a países como Inglaterra, Alemanha e Estados Unidos.

( ) Apresentam condições de competir em igualdade com o setor industrial de países como os Estados Unidos.

( ) Produzem, sobretudo, matérias-primas para as indústrias.

( ) Apresentam os setores industrial, de comércio e de serviços pouco desenvolvidos.

11. Com base na notícia e em seus conhecimentos, responda às questões a seguir.

> A Associação de Produtores de Soja e Milho de Mato Grosso (Aprosoja) (...) assinou um convênio com a Autoridade do Canal do Panamá (ACP), que administra a passagem marítima entre os oceanos Atlântico e Pacífico, para promover a utilização daquela via interoceânica para o transporte dos grãos produzidos no Brasil para os mercados da Ásia.
>
> Acordo avalia uso do Canal do Panamá para levar grãos do Brasil à Ásia. *Agência Brasil*, 15 mar. 2018. Disponível em: <http://agenciabrasil.ebc.com.br/geral/noticia/2018-03/acordo-estuda-uso-do-canal-do-panama-para-levar-graos-do-brasil-asia. Acesso em: 8 ago. 2018.

a) O que é uma via interoceânica?

b) Qual é a importância do Canal do Panamá para o comércio internacional?

c) Quais foram as vantagens que a Aprosoja obteve com o acordo noticiado?

12. Sobre a segurança alimentar de países situados na África, América Latina e Ásia, faça o que se pede.

a) Quais fatores comprometem a segurança alimentar nesses países?

b) Considerando as causas da falta de segurança alimentar nesses países, proponha medidas para resolver esse problema.

13. Associe cada situação à sua respectiva definição.

I. Fome.

II. Subnutrição.

III. Perda de alimento.

IV. Desperdício de alimento.

( ) Quando o alimento está em condições para o consumo, mas o vendedor ou o consumidor o descarta no lixo antes de ele estragar.

( ) Quando o alimento é descartado no lixo antes de chegar ao consumidor, geralmente porque estraga.

( ) É declarada quando mais de 20% da população de uma região sofre de extrema escassez de alimentos, mais de duas em cada 10.000 pessoas morrem por dia e a desnutrição aguda afeta mais de 30% da população.

( ) Situação de falta de alimento suficiente para garantir os níveis mínimos de energia necessários para uma vida saudável e ativa.

14. Complete o esquema com informações sobre cada tipo de política de combate à fome.

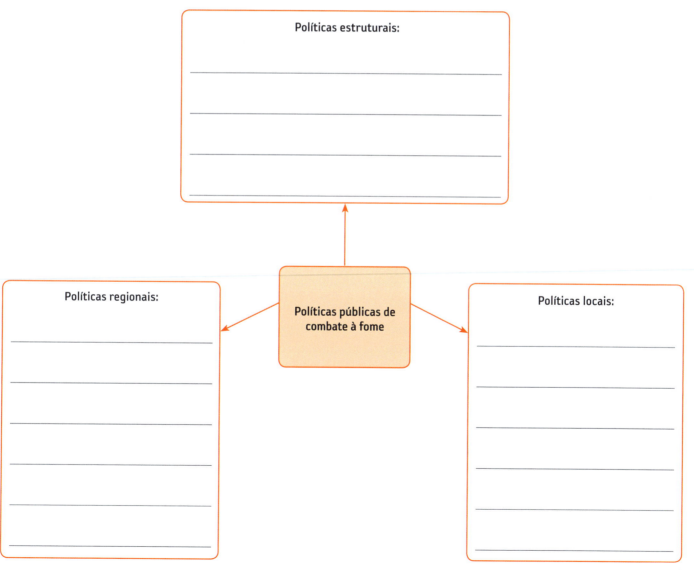

15. Com base no mapa e em seus conhecimentos, responda às questões.

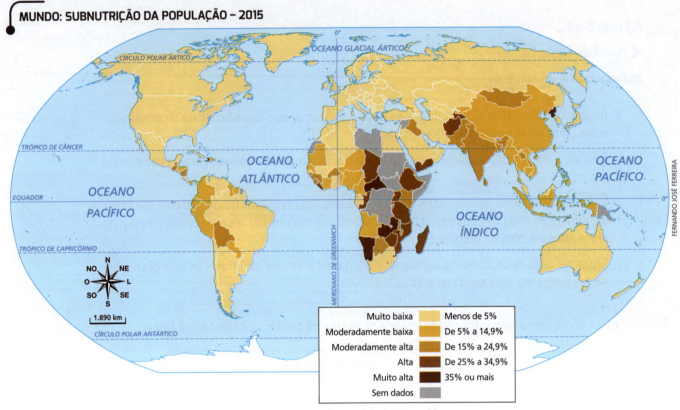

Fonte: FAO. FAO *Hunger Map* 2015. Disponível em: <http://www.fao.org/3/a-i4674e.pdf>. Acesso em: 7 nov. 2018.

a) De acordo com o mapa, quais continentes apresentam maior quantidade de países com índices elevados de subnutrição da população?

___

b) Por que esses continentes registram os maiores índices de subnutrição do mundo?

___

c) Que recurso cartográfico foi utilizado para representar os intervalos de valores desse mapa?

___

16. Complete o diagrama.

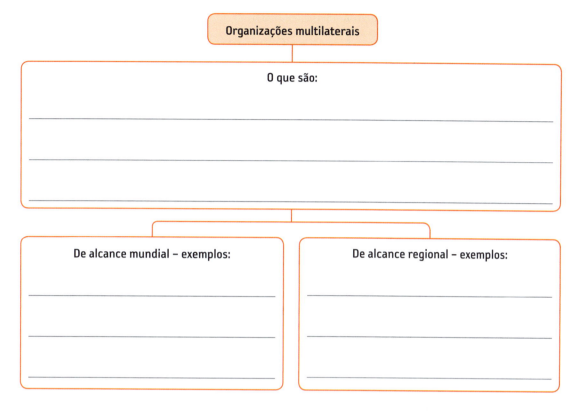

17. Complete as lacunas do texto com os termos do quadro.

> Segunda Guerra Mundial   dignidade humana   guerras
> Organização das Nações Unidas (ONU)   multilateral

Em 1945, após o fim da _____, representantes de cinquenta países reunidos na cidade de San Francisco, nos Estados Unidos, redigiram a Carta das Nações Unidas, que deu origem à _____.

Os principais objetivos dessa organização são, desde sua criação, evitar _____ e contribuir para a promoção da _____.

Constituída de 193 países-membros, é o maior órgão _____ do mundo.

18. Assinale a alternativa que corresponde ao texto.

Surgiu em 1949, no contexto do pós-Segunda Guerra Mundial, com o objetivo de criar um sistema de defesa mútua para proteger os Estados Unidos e os países da Europa Ocidental dos ataques inimigos.

a) Pacto de Varsóvia.

b) Organização do Tratado do Atlântico Norte (Otan).

c) Alto Comissariado das Nações Unidas para Refugiados (Acnur).

d) Organização das Nações Unidas (ONU).

19. Associe cada programa vinculado à ONU à sua respectiva área de atuação.

I. Organização das Nações Unidas para Alimentação e Agricultura (FAO).

II. Organização das Nações Unidas para a Educação, a Ciência e a Cultura (Unesco).

III. Fundo das Nações Unidas para a Infância (Unicef).

IV. Organização Mundial da Saúde (OMS).

V. Programa das Nações Unidas para o Desenvolvimento (Pnud).

VI. Programa das Nações Unidas para o Meio Ambiente (Pnuma).

( ) Promove a conservação do meio ambiente e o uso eficiente de seus recursos.

( ) Atua na área da educação, da preservação do patrimônio histórico e cultural da humanidade e do desenvolvimento científico.

( ) Atua no combate à fome e à pobreza, no desenvolvimento agrícola, na garantia à segurança alimentar e no aproveitamento sustentável dos recursos naturais do planeta.

( ) Atua no combate à pobreza e em favor do desenvolvimento humano.

( ) Promove a defesa dos direitos das crianças e dos adolescentes.

( ) Atua nas questões relacionadas à saúde da população mundial.

20. Observe a fotografia e responda às questões.

Reunião do Conselho de Segurança da Organização das Nações Unidas (ONU), situado em Nova York (Estados Unidos, 2018).

a) Qual é o papel desse órgão da ONU?

_____

_____

_____

_____

_____

b) Como esse órgão internacional é composto e de que forma se organiza?

_____

_____

_____

_____

UNIDADE 2 GLOBALIZAÇÃO

RECAPITULANDO

- Globalização é o fenômeno de integração social, política, econômica e cultural entre os países e regiões do mundo. Essa integração decorre da intensificação das trocas de mercadorias, pessoas e capitais e é possibilitada pelo desenvolvimento dos transportes e das redes de comunicação.
- O desenvolvimento tecnológico tem papel fundamental nas atuais relações entre as pessoas e na produção de mercadorias e de novos conhecimentos.
- Uma das principais características do mercado global é a existência de transnacionais, grandes empresas que, geralmente, têm sede em um país desenvolvido e filiais em outros países.
- A economia global requer que os trabalhadores sejam cada vez mais qualificados e especializados para ocupar diferentes postos de trabalho.
- A globalização veio acompanhada do aumento das desigualdades sociais, e grande parcela da população mundial vive atualmente em condições precárias.
- Globalização cultural é o nome dado ao processo de intensificação das trocas culturais e do predomínio de alguns valores sobre outros. A padronização cultural é uma consequência da propagação de valores, hábitos e ideias dos centros dominantes da economia global.
- O aumento da circulação de capitais é uma característica da globalização. A aplicação de capital nas bolsas de valores e os Investimentos Estrangeiros Diretos (IED) são mecanismos que intensificam essa circulação.
- A localização dos maiores e mais movimentados portos do mundo está relacionada à relevância das principais rotas comerciais entre os países e os continentes.
- O aumento do uso de fontes de energia movidas a combustíveis fósseis (petróleo, carvão e gás natural) é um dos fatores que têm provocado o aumento da temperatura terrestre.
- As preocupações com o aquecimento global têm levado os países a investir em fontes de "energia limpas", para que a emissão de gases poluentes na atmosfera seja reduzida.
- A distribuição de água doce no planeta é desigual, e a intensificação do seu consumo tornou o acesso a esse recurso uma questão de interesse global.
- Ações humanas como o desmatamento e a poluição de rios e mares têm ameaçado a disponibilidade de água doce no planeta.

1. Escreva, com suas palavras, o que é globalização.

_____
_____
_____
_____
_____

2. Sobre a globalização, classifique cada afirmativa abaixo em verdadeira (V) ou falsa (F).

( ) No mundo globalizado, as atividades econômicas foram transformadas com o surgimento de novos setores produtivos, como a robótica, a informática e a automação industrial.

( ) O modo como as pessoas se relacionam mudou a partir do surgimento de novas tecnologias, tais como celulares e computadores com acesso à internet e a redes sociais.

( ) As novas tecnologias impactaram sobretudo as relações entre as pessoas. A produção de conhecimento não foi impactada pela globalização.

( ) O desenvolvimento das redes de transporte e de telecomunicação permitiu o aumento das trocas de mercadorias entre as mais diferentes localidades do mundo.

3. Com base no gráfico e em seus conhecimentos, responda às questões.

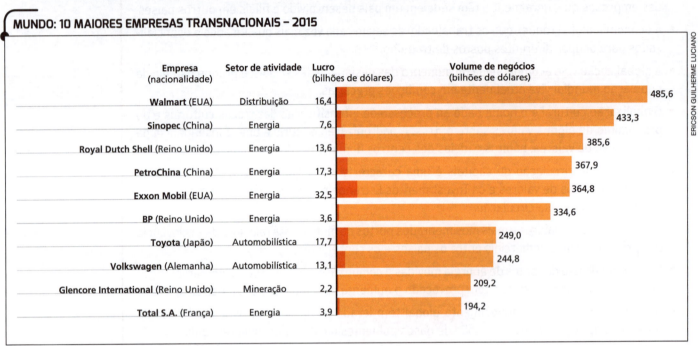

Fonte: SCIENCES PO. Atelier de cartographie. Disponível em: <http://cartotheque.sciences-po.fr/media/25_premieres_firmes_multinationales_2015/202/>. Acesso em: 30 out. 2018.

a) O que são empresas transnacionais?

b) De acordo com o gráfico, em quais países estão localizadas as sedes das maiores empresas transnacionais do mundo? A maior parte dessas empresas desenvolve atividades em qual setor?

4. A tabela abaixo apresenta os percentuais do PIB que alguns países do mundo destinam ao setor de pesquisa e desenvolvimento (P&D). Com base nesses dados, faça o que se pede a seguir.

Países selecionados: investimento em P&D (% do PIB)	
País	% do PIB
Argentina	0,5
Coreia do Sul	4,2
Reino Unido	1,7
Chile	0,4
Estados Unidos	2,7
Alemanha	2,9

Fonte: OECD Data. Disponível em: <https://data.oecd.org/rd/gross-domestic-spending-on-r-d.htm>. Acesso em: 30 out. 2018.

a) Construa na malha abaixo um gráfico de barras verticais para representar os dados da tabela.

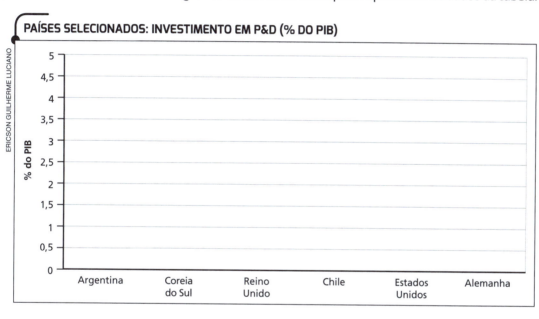

Fonte: OECD Data. Disponível em: <https://data.oecd.org/rd/gross-domestic-spending-on-r-d.htm>. Acesso em: 30 out. 2018.

b) Entre os países selecionados, qual destina o maior percentual de seu PIB para o setor de pesquisa e desenvolvimento?

_____

_____

c) Que outros dois países se destacam na aplicação de altas porcentagens do PIB no setor de pesquisa e desenvolvimento?

_____

d) Qual é a importância do investimento em pesquisa e desenvolvimento para um país?

_____

_____

_____

5. Complete o diagrama abaixo com as principais vantagens obtidas pelas transnacionais ao instalarem suas filiais em países em desenvolvimento.

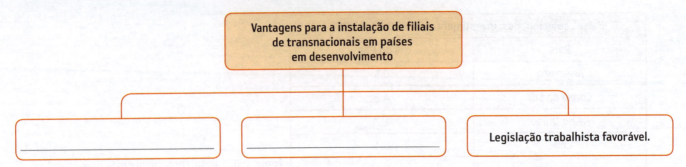

6. Com base nos dados apresentados na notícia e em seus conhecimentos, faça o que se pede.

Aumento do número de bilionários no planeta acentua a desigualdade

Em 2017, 82% de toda a riqueza gerada no planeta ficou em posse da parcela 1% mais rica. Enquanto isso, 3,6 bilhões de pessoas que fazem parte da população global mais pobre ficaram sem nada. Sabe aquela história de que é preciso esperar o bolo crescer para então dividi-lo a mais pessoas? Pois ele já está quase queimando e a maioria do planeta sequer sentiu seu sabor: 42 pessoas detêm a mesma riqueza que os 3,6 bilhões mais pobres [...].

> Aumento do número de bilionários no planeta acentua a desigualdade. *Galileu*, 20 jan. 2018. Disponível em: <https://revistagalileu.globo.com/Sociedade/noticia/2018/01/aumento-do-numero-de-bilionarios-no-planeta-acentua-desigualdade.html>. Acesso em: 30 out. 2018.

a) Explique de que forma o aumento do número de bilionários acentua a desigualdade social. Utilize dados da notícia em sua resposta.

_____
_____
_____

b) Cite algumas características do modo de vida das populações mais pobres que vivem no mundo globalizado.

_____
_____
_____

7. O texto a seguir refere-se a qual aspecto da globalização? Assinale a alternativa correta.

O processo de intensificação das trocas culturais entre povos de diferentes partes do mundo é marcado pelo predomínio de alguns valores sobre outros. Esse predomínio tem origem nos centros economicamente dominantes, uma vez que estes possuem maior poder econômico para transmitir seus elementos de cultura.

a) Globalização econômica.

b) Globalização cultural.

c) Exclusão social.

d) Mundialização.

8. Complete as lacunas do texto a seguir com os termos do quadro abaixo.

> bancos   circulação de capitais   países emergentes
> instituições financeiras   bolsas de valores   filiais

O aumento da _____ pelo mundo é uma das principais características da globalização. Os capitais passaram a circular de forma mais rápida, sendo aplicados nas _____ dos principais centros financeiros do mundo, como Nova York (Estados Unidos), Londres (Reino Unido), Frankfurt (Alemanha), Hong Kong (China), Tóquio (Japão) e Amsterdã (Holanda).

Cidades de _____, como São Paulo (Brasil), Buenos Aires (Argentina) e Mumbai (Índia), também abrigam sedes administrativas ou _____ de transnacionais, _____ e _____.

9. Com base na leitura e na interpretação do mapa abaixo, assinale as afirmativas a seguir que estão corretas.

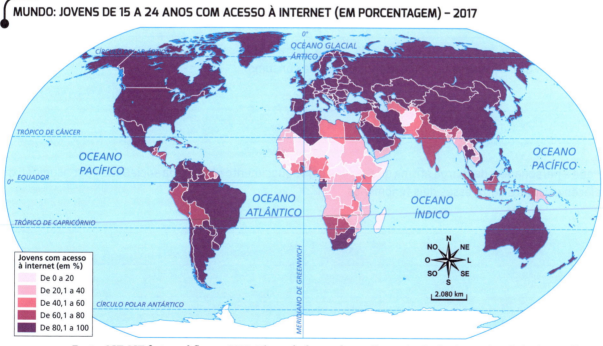

Fonte: ICT. ICT facts and figures 2017. Disponível em: <https://www.itu.int/en/ITU-D/Statistics/Pages/facts/default.aspx>. Acesso em: 30 out. 2018.

I. O acesso da população aos meios de comunicação é similar em todas as regiões do mundo.

II. De maneira geral, o acesso de jovens à internet é maior nos países mais desenvolvidos.

III. Porções do continente asiático e africano se destacam pelo baixo acesso de jovens à internet.

IV. Uma importante parcela da população de jovens no mundo não tem condições econômicas de adquirir aparelhos e serviços relacionados à internet.

10. Com base em seus conhecimentos e na charge abaixo, responda às questões a seguir.

a) Qual é o significado do conceito de sociedade de consumo?

b) Qual é o papel da publicidade na chamada sociedade de consumo?

c) Por que a personagem da charge afirma que a culpa pelo aquecimento global é da sociedade de consumo? Explique a relação existente entre esses dois fenômenos.

d) Interprete a resposta da personagem: "Ai, queria tanto ter um pouquinho de culpa!".

11. Sobre as redes de transporte no mundo contemporâneo, responda às questões abaixo.

a) O que são os chamados terminais intermodais?

_____

_____

b) Por que os países de economia dinâmica investem na construção de terminais intermodais?

_____

_____

c) O que são as chamadas Zonas Industriais e Portuárias (ZIP)?

_____

_____

12. A partir da análise do gráfico abaixo, assinale a alternativa correta.

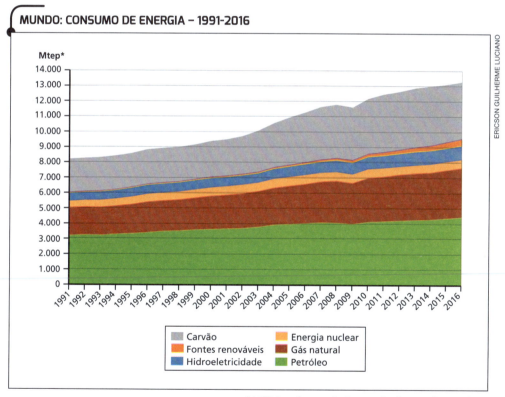

* Milhões de toneladas equivalentes de petróleo.

Fonte: BP. *BP Energy Outlook*, 2018, p. 10. Disponível em: <https://www.bp.com/content/dam/bp/en/corporate/pdf/energy-economics/statistical-review-2017/bp-statistical-review-of-world-energy-2017-full-report.pdf>. Acesso em: 20 maio 2018.

a) O consumo de energia diminuiu ao longo das últimas décadas.

b) As fontes renováveis de energia foram as mais consumidas durante as últimas décadas.

c) Nas últimas décadas, houve aumento generalizado no consumo de energia no mundo.

d) O consumo de petróleo se manteve estável ao longo das últimas décadas.

13. Complete os esquemas abaixo sobre duas importantes formas de produção de energia elétrica no mundo atual.

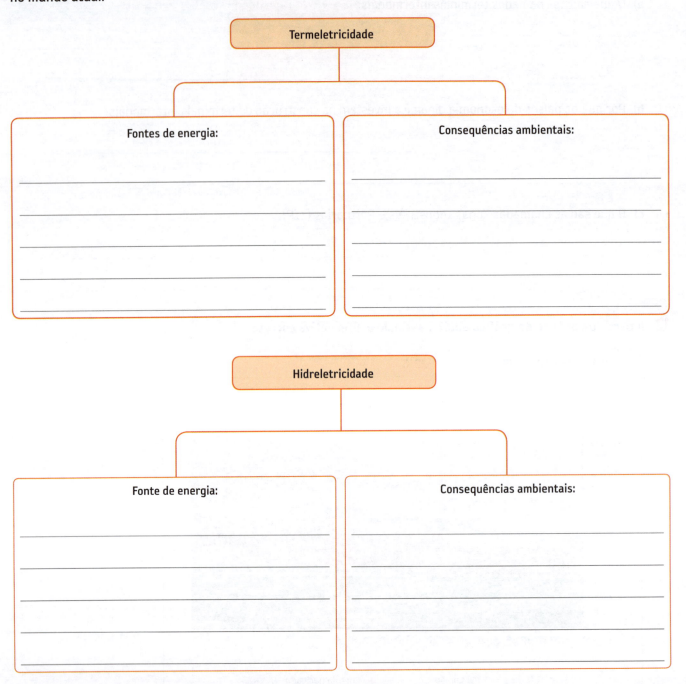

14. Com base em seus conhecimentos e na notícia abaixo, responda às questões.

Três anos após os países firmarem o Acordo de Paris a emissão de gases que causam o efeito estufa voltou a subir.

A Terra está pegando fogo. De Seattle à Sibéria, as chamas consumiram neste verão pedaços preciosos do Hemisfério Norte. Um dos 18 incêndios que varrem a Califórnia (dos piores na história do Estado) está causando tanto calor que já criou clima próprio. Incêndios que avançaram por uma área costeira próxima a Atenas, Grécia, mataram 91 pessoas. Por toda parte há gente sufocando. No Japão, 125 morreram em consequência de uma onda de calor que elevou pela primeira vez a temperatura em Tóquio a mais de 40 °C.

O aquecimento global está ganhando. *Estadão*, 4 ago. 2018.
Disponível em: <https://internacional.estadao.com.br/noticias/geral,o-aquecimento-global-esta-ganhando,70002429709>. Acesso em: 30 out. 2018.

a) Quando o Acordo de Paris foi assinado e o que ele estabeleceu?

b) De acordo com a notícia, o Acordo de Paris estava sendo cumprido após três anos de sua assinatura? Que consequências teve esse fato no mundo?

15. Sobre as fontes de "energia limpa", assinale a alternativa incorreta.

a) A China é um dos países que mais investem na produção de "energia limpa".

b) Trata-se de fontes de energia que não poluem a atmosfera com a emissão de gases de efeito estufa.

c) Entre essas fontes de energia estão a solar, a eólica, a geotérmica e a biomassa.

d) Os Estados Unidos assinaram o Acordo de Paris em 2015 e, a partir de então, só produzem "energias limpas".

16. Explique o que é estresse hídrico.

17. Dê exemplos de ações humanas que podem provocar ou agravar a situação de estresse hídrico em diferentes regiões do mundo.

18. Observe a foto e, depois, faça o que se pede.

Moradias às margens de um rio na cidade de Chennai (Índia, 2014).

a) Que problema socioambiental ocorre na localidade retratada na foto?

_____
_____
_____

b) Explique como esse problema pode afetar a disponibilidade de água doce no mundo e comprometer a saúde humana.

_____
_____
_____
_____
_____
_____

19. Assinale abaixo a alternativa incorreta sobre as trocas comerciais na economia global.

a) No mundo, houve ampliação das trocas comerciais graças ao fim ou à diminuição das barreiras alfandegárias.

b) Cabe à Organização Mundial do Comércio (OMC) mediar grande parte das relações e disputas comerciais entre os países.

c) O crescimento das trocas comerciais ocorreu apenas no âmbito intrarregional.

d) Apesar da abertura comercial global, alguns países ainda adotam o protecionismo econômico.

UNIDADE 3 O CONTINENTE EUROPEU

RECAPITULANDO

- O continente europeu é marcado pela presença de diversas penínsulas, arquipélagos e mares interiores.

- As cadeias montanhosas do norte e do leste europeus, como os Montes Urais e os Alpes Escandinavos, são de formação muito antiga. As cadeias da porção sul, como os Apeninos, são de formação mais recente.

- Os rios constituem importantes eixos de integração entre os países europeus.

- A Europa está situada no Hemisfério Norte e o clima predominante nesse continente é o temperado, que possui quatro estações climáticas bem definidas.

- A diversidade climática contribui para a ocorrência de diferentes tipos de vegetação no continente europeu. No decorrer da história, porém, grande parte da vegetação nativa europeia já foi retirada. Atualmente, as principais áreas de vegetação estão no extremo norte do continente, em áreas de montanha ou em unidades de conservação.

- Os limites naturais que separam a Europa da Ásia são os Montes Urais, o Rio Ural, o Mar Cáspio, a Cadeia do Cáucaso e o Mar Negro.

- A população europeia é distribuída de maneira irregular pelo território, concentrando-se principalmente nas áreas urbanas.

- A Europa tem apresentado baixos índices de crescimento populacional em decorrência da queda da taxa de natalidade nos países.

- O aumento da expectativa de vida nos países europeus tem obrigado os governos a rever as políticas públicas relacionadas aos sistemas de seguridade social e de saúde.

- A Europa se tornou um dos principais destinos de imigrantes no mundo. Nas primeiras décadas do século XXI, os principais fluxos migratórios em direção ao continente partiram de países da África Subsaariana e do Oriente Médio.

- Manifestações de xenofobia têm sido frequentes no continente europeu em decorrência do aumento da entrada de imigrantes na última década.

- A matriz energética europeia é muito dependente da importação de combustíveis fósseis (carvão, petróleo e gás).

- A dependência externa em relação às fontes de energia e os altos níveis de poluição provocados pela queima de combustíveis fósseis têm levado os países europeus a investir na produção de energia a partir de fontes renováveis.

- A participação das usinas hidrelétricas, geotérmicas e eólicas tem sido ampliada na matriz energética europeia.

- Em diversos países europeus, os governos adotaram medidas eficazes para a reciclagem dos resíduos sólidos e a redução das emissões de poluentes na atmosfera.

1. Sobre a localização do continente europeu, classifique cada uma das afirmativas abaixo em verdadeira (V) ou falsa (F).

    (   ) O continente europeu está situado no Hemisfério Norte, quase totalmente na zona tropical, com exceção do extremo norte, na zona temperada.

    (   ) A Europa e a Ásia fazem parte de um único bloco de terras, a Eurásia.

    (   ) A Rússia é o único país que apresenta terras em dois continentes: Europa e Ásia.

    (   ) Os limites que separam a Europa e a Ásia são os Montes Urais, o Rio Ural, o Mar Cáspio, a Cadeia do Cáucaso e o Mar Negro.

2. Complete o esquema abaixo sobre as cadeias montanhosas do continente europeu.

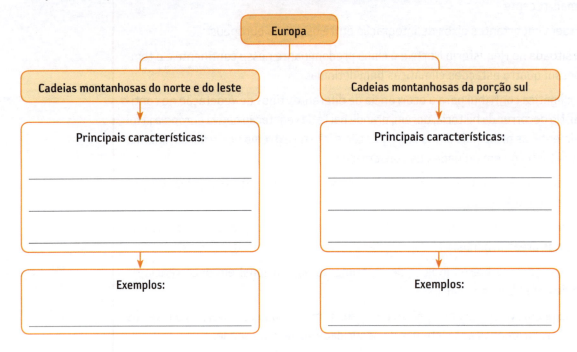

3. O que significa dizer que os rios europeus são importantes eixos de integração do continente? Cite três rios que possuem essa importância na Europa.

    _____
    _____
    _____
    _____

4. Assinale a alternativa que indica corretamente o tipo de clima descrito no texto abaixo.

    Trata-se do clima predominante na Europa, possuindo quatro estações bem definidas em razão da localização do continente no planeta, com terras situadas majoritariamente entre as latitudes que se estendem do Trópico de Câncer (23° N) ao Círculo Polar Ártico (66° N). A variação de temperatura é menor no litoral e maior no interior.

    a) Clima mediterrâneo.
    b) Clima polar.
    c) Clima temperado.
    d) Clima frio de montanha.

5. Explique como o fenômeno da continentalidade e a Corrente do Golfo influenciam os climas europeus.

_____
_____
_____

6. Complete o esquema sobre a Revolução Industrial ocorrida no continente europeu durante os séculos XVIII e XIX.

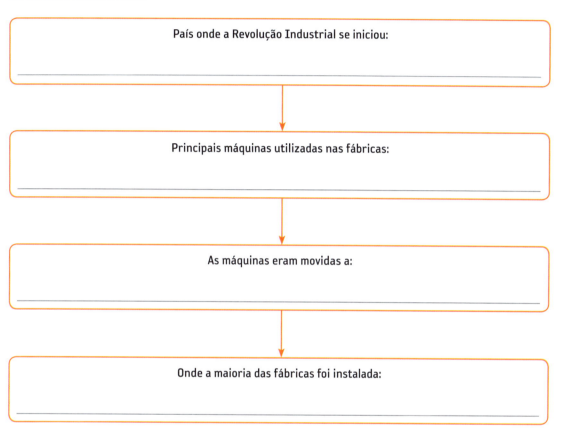

País onde a Revolução Industrial se iniciou:
_____

Principais máquinas utilizadas nas fábricas:
_____

As máquinas eram movidas a:
_____

Onde a maioria das fábricas foi instalada:
_____

7. Sobre o crescimento populacional na Europa, faça o que se pede.

a) Quais são as principais causas dos baixos níveis de crescimento populacional registrados na Europa nas últimas décadas?

_____
_____
_____

b) Cite uma medida adotada pelos governos europeus para conter a redução do crescimento populacional nos países.

_____
_____
_____

8. Leia as afirmativas abaixo e assinale a alternativa correta.

   I. A expectativa de vida da população europeia é considerada baixa.

   II. O aumento da expectativa de vida da população europeia está associado à melhoria das condições de saúde e de saneamento básico.

   III. O aumento da expectativa de vida tem feito com que os países europeus revejam suas políticas públicas.

   a) I e II são verdadeiras.
   b) II e III são verdadeiras.
   c) I e III são verdadeiras.
   d) Todas as afirmativas são verdadeiras.

9. Por que a Europa se tornou um dos principais destinos da migração mundial a partir de meados do século XX?

_____

_____

10. Leia as definições abaixo e escreva a que elas se referem.

_____: pessoa que foge de seu país devido a conflitos armados, violação de direitos humanos e catástrofes naturais ou por sofrer perseguição étnica, religiosa ou política.

_____: pessoa que sai de seu país de origem com um emprego previamente acertado para trabalhar como mão de obra qualificada em outro país.

11. Complete o quadro sobre os refugiados sírios na Europa.

Refugiados sírios na Europa – década de 2010	
Por que os sírios procuram refúgio na Europa?	Qual é a rota mais utilizada pelos refugiados?
O que os refugiados buscam no continente europeu?	Em 2016, que medidas os países europeus tomaram para barrar esses refugiados?

12. A charge abaixo faz referência a algumas políticas adotadas pelos países europeus no que diz respeito à entrada e permanência de imigrantes ilegais em seus territórios. Interprete a charge com base em seus conhecimentos.

Nessa charge de Latuff, os homens de terno e gravata representam os presidentes da Itália e da França. O mar azul com as estrelas amarelas é uma referência à bandeira da União Europeia.

13. Caracterize a matriz energética europeia com base no gráfico abaixo.

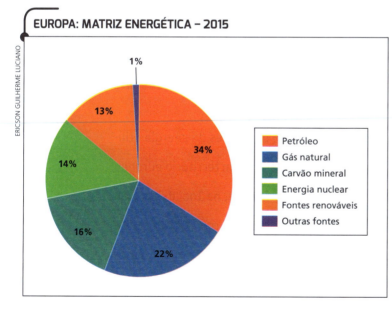

Fonte: EUROSTAT. *Energy balance sheets 2015 Data*. União Europeia, 2017. p. 10. Disponível em: <https://ec.europa.eu/eurostat/documents/3217494/8113778/KS-EN-17-001-EN-N.pdf/99cc20f1-cb11-4886-80f9-43ce0ab7823c>. Acesso em: 28 ago. 2018.

14. Leia o texto e identifique o tipo de energia ao qual ele se refere. Assinale a alternativa correta.

Trata-se da principal fonte geradora de eletricidade em diversos países da Europa, como França, Eslováquia e Hungria. O uso desse tipo de energia foi uma alternativa aos elevados preços do petróleo. É considerada uma fonte limpa de energia, pois não emite gases ou resíduos poluentes. No entanto, pode provocar graves danos no meio ambiente, com a liberação de substâncias radioativas em caso de acidentes.

a) Energia nuclear.

b) Energia eólica.

c) Energia solar.

d) Energia renovável.

15. Associe cada tipo de energia renovável utilizada na Europa às suas respectivas características.

I. Hidrelétrica.

II. Geotérmica.

III. Eólica.

( ) A produção desse tipo de energia se torna difícil em decorrência da irregularidade dos ventos no continente.

( ) Trata-se de um tipo de geração de energia insuficiente para abastecer a demanda europeia, pois a sua geração depende de condições de relevo específicas.

( ) Produzida por meio do aproveitamento do calor do interior do planeta, restringe-se a locais onde há fontes termais e gêiseres.

16. Explique por que a Europa tem investido na geração de energias renováveis.

_____

_____

_____

17. No texto abaixo estão faltando algumas palavras. Leia e assinale a alternativa que apresenta as palavras corretas.

O ▊▊▊▊ e o(a) ▊▊▊▊ representam mais de 50% das fontes de energia utilizadas na Europa. A exploração e a produção desses recursos energéticos em território europeu ocorrem sobretudo no ▊▊▊▊, na costa da Dinamarca, na Escócia, na Inglaterra e na ▊▊▊▊, principal produtora. No entanto, a produção de energia na Europa é insuficiente para suprir a demanda dos países do continente, obrigando-os a importar grandes quantidades desses recursos.

a) carvão mineral; biomassa; Mar do Norte; França.

b) petróleo; gás natural; Mar do Norte; Noruega.

c) petróleo; biomassa; Mar Mediterrâneo; Alemanha.

d) vento; gás natural; Mar Negro; Noruega.

18. Leia a manchete da reportagem e responda à questão.

Nova guerra do gás entre Ucrânia e Rússia ameaça Europa

Nova guerra do gás entre Ucrânia e Rússia ameaça Europa. *Portal Terra*, 11 mar. 2018. Disponível em: <https://www.terra.com.br/economia/nova-guerra-do-gas-entre-ucrania-e-russia-ameaca-europa,e1e78824bd3809f3947c37938812f138v9g02eia.html>. Acesso em: 25 ago. 2018.

- Por que a guerra pelo gás natural entre Ucrânia e Rússia significa uma ameaça aos demais países europeus?

_____

_____

_____

_____

19. Com base na observação da foto e na leitura da legenda, contextualize a situação retratada.

Construção abandonada na cidade de Pryat, trinta anos após o desastre na usina de Chernobyl (Ucrânia, 2017).

_____

_____

_____

_____

20. Que medidas os governos europeus têm tomado para promover a sustentabilidade? Assinale a alternativa incorreta.

a) Alcançar 100% de reciclagem dos resíduos sólidos.

b) Reduzir a poluição do ar.

c) Investir na produção de energia renovável.

d) Ampliar o uso de energia nuclear.

21. Interprete o gráfico abaixo e responda à questão.

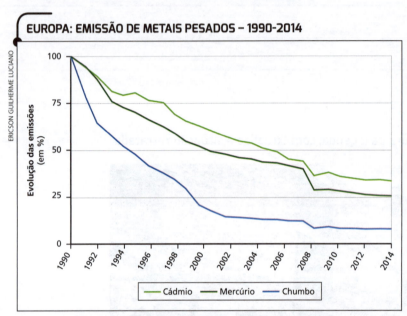

Fonte: EUROPEAN ENVIRONMENT AGENCY. *Heavy metal emissions*. Disponível em: <https://www.eea.europa.eu/data-and-maps/indicators/eea32-heavy-metal-hm-emissions-1/assessment-9>. Acesso em: 17 out. 2018.

- O que os dados representados no gráfico comprovam em relação à revisão das políticas energéticas em países europeus?

22. Complete o diagrama sobre sensoriamento remoto.

UNIDADE 4 UNIÃO EUROPEIA E RÚSSIA

RECAPITULANDO

- No decorrer da história, diferentes civilizações europeias exerceram domínio sobre extensos territórios dentro do próprio continente e em outros continentes. Os espanhóis e os britânicos, por exemplo, criaram impérios que disseminaram a língua e a cultura de seu povo em diversas regiões do mundo.

- A União Europeia (UE) é um bloco formado por 28 países para o desenvolvimento de ações políticas e econômicas integradas. O bloco prevê a livre circulação de pessoas, produtos, serviços e capitais.

- A União Europeia começou a ser formada no final da Segunda Guerra Mundial, com a criação de uma organização econômica formada por Bélgica, Países Baixos e Luxemburgo, chamada de Benelux.

- Ainda que a União Europeia tenha sido formada sobretudo com objetivos econômicos, o bloco engloba projetos mais amplos, como a melhora das condições de vida da população de seus países-membros e o desenvolvimento de políticas conjuntas de preservação ambiental.

- Uma importante característica da União Europeia é o sistema de proteção social implantado nos países, que inclui eficientes serviços públicos de saúde, de educação, de previdência, de atendimento a idosos e de combate à pobreza.

- Dezenove países-membros da União Europeia adotam o euro como moeda. Atualmente, o euro é a segunda moeda internacional mais importante do mundo. Esses países integram a chamada Zona do Euro.

- A União Europeia criou também o chamado Espaço Schengen, um acordo por meio do qual os cidadãos dos países signatários podem circular livremente, sem passar pelo controle de fronteira.

- Apesar de os elevados indicadores socioeconômicos predominarem na maior parte dos países da União Europeia, existem desigualdades econômicas e sociais entre eles.

- A União Europeia desenvolve políticas regionais com o objetivo de promover o crescimento econômico e a melhora da qualidade de vida da população, sobretudo a dos países menos desenvolvidos.

- Em 2016, em um referendo popular, a população do Reino Unido votou pela saída do país da União Europeia, que, até 2018, estava sendo negociada.

- A Alemanha é a maior economia da União Europeia.

- Para reduzir as emissões de gases de efeito estufa, o governo alemão tem desenvolvido políticas para transformar a matriz energética do país e torná-la predominantemente composta de fontes renováveis.

- A economia francesa é caracterizada por uma agricultura praticada com elevado emprego de tecnologia, uma indústria moderna e sofisticada e pela importância do turismo como fonte de receita.

- A Rússia é um país marcado pelo baixo crescimento populacional e, para aumentar a disponibilidade de mão de obra, seu governo tem flexibilizado as regras para a entrada de imigrantes no território.

- A Rússia possui abundantes jazidas de petróleo, gás natural, carvão, diamante, minério de ferro, níquel, potássio e urânio.

- No cenário político internacional, a Rússia ocupa lugar de destaque, com um grande poderio militar e forte influência geopolítica.

1. Associe o nome de cada império europeu a algumas de suas características.

    I. Império Romano.

    II. Império Espanhol.

    III. Império Britânico.

    ( ) Teve início no século XVI, com a tomada de territórios na América do Norte, e atingiu seu auge em princípios do século XX, quando seus domínios se estendiam por quase um quarto das terras do planeta. A hegemonia desse império baseou-se no poder naval e na difusão cultural.

    ( ) A conquista da América marca o início desse império e da subjugação de muitos povos nativos, escravizados ou exterminados durante a tomada de seus territórios.

    ( ) A partir do século I a.C., uma sequência de conquistas militares ampliou os domínios desse império, levando seus padrões culturais para grande parte da Europa, norte da África e Oriente Médio. A difusão do cristianismo, por exemplo, teve como fator-chave a disseminação dessa religião nos domínios desse império.

2. Complete a linha do tempo abaixo com os nomes das associações econômicas que antecederam e deram origem à União Europeia.

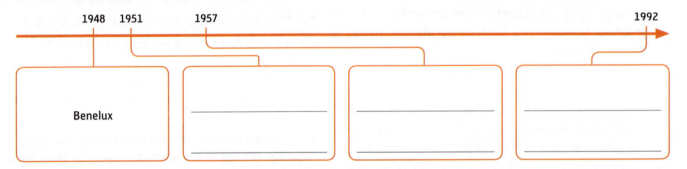

3. Complete o diagrama sobre a União Europeia.

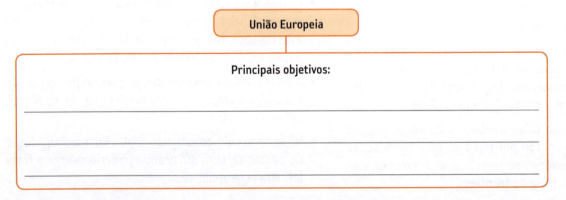

4. O que é o Espaço Schengen? Cite um país da União Europeia que não faz parte do Espaço Schengen.

___
___
___
___

5. Leia a manchete da notícia e depois responda às questões.

Reino Unido não quer Brexit sem acordo, diz ministro de Comércio

O ministro de Comércio do Reino Unido, Liam Fox, disse hoje à [rede de televisão] CNBC que o quadro econômico de seu país é estável e que não quer que o Brexit [...] ocorra sem um acordo.

Reino Unido não quer Brexit sem acordo, diz ministro de Comércio. Istoé, 28 ago. 2018. Disponível em: <https://istoe.com.br/reino-unido-nao-quer-brexit-sem-acordo-diz-ministro-de-comercio/>. Acesso em: 1º nov. 2018.

a) A que se refere a palavra Brexit?

_____
_____
_____

b) Com que objetivo o ministro do Reino Unido enfatiza a importância de um acordo para que o Brexit aconteça? A que acordo ele está se referindo?

_____
_____
_____

6. As frases abaixo apresentam alguns argumentos dados pela população do Reino Unido para a saída ou não de seus países da União Europeia. Classifique os argumentos a favor da saída com a letra F e os contrários à saída com a letra C.

( ) As contribuições financeiras do Reino Unido para a União Europeia custam caro para a população britânica.

( ) Sem a mediação da União Europeia, o Reino Unido poderia negociar melhores taxas, impostos e condições de preço com outros países.

( ) Com a saída do bloco, o Reino Unido pagaria mais impostos e teria menos vantagens comerciais.

( ) O Reino Unido teria menos poder em negociações comerciais.

( ) Com a saída da União Europeia, o Reino Unido continuaria recebendo muitos imigrantes.

( ) Com a saída da União Europeia, os países do Reino Unido poderiam controlar melhor a entrada de imigrantes, podendo manter a identidade cultural do Reino Unido.

7. Com a possível saída do Reino Unido, como Alemanha e França poderiam ser beneficiadas?

_____
_____
_____

8. Sobre o setor industrial alemão, classifique cada uma das afirmativas abaixo em verdadeira (V) ou falsa (F).

( ) A indústria alemã se destaca pela modernização e diversificação da produção.

( ) A rede ferroviária é a responsável pelo escoamento de toda a produção do país.

( ) Apesar do elevado grau de modernização do setor industrial, há falta de mão de obra qualificada na Alemanha.

( ) O apoio à pesquisa e à inovação fazem com que a Alemanha esteja entre os mais importantes polos tecnológicos do mundo.

9. Assinale a alternativa incorreta sobre o setor agrícola alemão.

a) No país, a agricultura familiar é praticada com alto grau tecnológico.

b) A quantidade de trabalhadores rurais vem aumentando nas últimas décadas.

c) As propriedades agrícolas alemãs têm empregado menos trabalhadores e feito mais uso de tecnologia.

d) A Política Agrícola Comum (PAC) da União Europeia contribui para que a agricultura alemã seja altamente produtiva.

10. Com base na interpretação do gráfico e em seus conhecimentos, faça o que se pede.

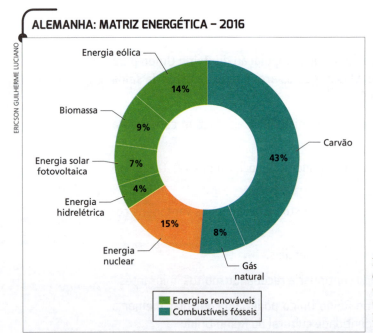

a) Qual era o percentual de participação das fontes de energia renováveis na matriz energética da Alemanha em 2016?

_____
_____
_____
_____
_____

Fonte: DW. *Alemanha descumprirá metas climáticas para 2020, diz estudo.* Disponível em: <https://www.dw.com/pt-br/alemanha-descumprir%C3%A1-metas-clim%C3%A1ticas-para-2020-diz-estudo/a-40452680>. Acesso em: 17 out. 2018.

b) Explique o que foi a chamada virada energética ocorrida na Alemanha a partir de 1990. Utilize dados do gráfico em sua resposta.

_____
_____
_____
_____

11. Assinale a alternativa correta sobre um aspecto da economia francesa.

a) A produção agrícola não supre a demanda do mercado interno, o que faz o país importar uma quantidade elevada de alimentos.

b) A abundância de recursos minerais faz da França o maior produtor de energia da União Europeia.

c) As atividades comerciais e de serviços são pouco importantes para a economia do país.

d) A metalurgia tem grande destaque na economia da França, servindo de base para outros ramos.

12. Interprete o mapa abaixo e, com base em seus conhecimentos, responda às questões a seguir.

EUROPA: ORGANIZAÇÃO DO ESPAÇO ECONÔMICO

Legenda:
- Centro: espaço de economia dinâmica
- Periferia muito integrada ao centro
- Periferia dinamizada por deslocalizações e investimentos
- Periferia de dinamismo localizado
- Periferia em vias de integração
- Periferia aguardando integração
- Metrópole mundial
- Metrópole europeia
- Metrópole nacional
- Outras cidades
- Principal eixo de circulação e trocas
- Fluxo de investimento
- Porto movimentado

Fonte: FERREIRA, Graça M. L. *Atlas geográfico*: espaço mundial. 4. ed. São Paulo: Moderna, 2013. p. 90.

a) Interprete no mapa a posição e a direção das setas que representam fluxos de investimento no espaço europeu.

b) Na Europa, os espaços de economia dinâmica estendem-se por quais países?

c) Que informações a respeito do transporte de mercadorias entre os países europeus e para outras regiões do mundo o mapa fornece?

13. Com base no mapa e em seus conhecimentos, responda às questões a seguir.

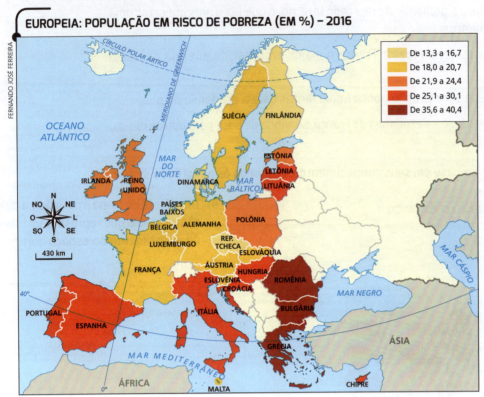

EUROPEIA: POPULAÇÃO EM RISCO DE POBREZA (EM %) – 2016

Fonte: EUROSTAT. Disponível em: <https://ec.europa.eu/eurostat/tgm/table.do?tab=table&init=1&language=en&pcode=tgs00107&plugin=1>. Acesso em: 31 out. 2018.

a) O risco de pobreza é um indicador utilizado na União Europeia para avaliar o quê?

_____

_____

b) O que caracteriza a situação de uma pessoa em risco de pobreza?

_____

_____

c) De acordo com o mapa, que países europeus apresentavam as mais altas e as mais baixas porcentagens de população em risco de pobreza?

_____

_____

d) Estabeleça relações entre as informações representadas nesse mapa e as do mapa de organização do espaço econômico europeu (página 35).

_____

_____

_____

14. Interprete a charge abaixo, identificando o contexto histórico e econômico ao qual ela se refere e a crítica apresentada.

Charge de Carlos Latuff sobre o desemprego na União Europeia e publicada em 2012.

15. Complete o esquema com algumas informações sobre as políticas regionais desenvolvidas na União Europeia.

União Europeia: políticas regionais

Principais objetivos dessas políticas:

Órgão responsável pelo gerenciamento:

Algumas metas estabelecidas para 2020:

Países que mais têm recebido auxílio:

16. Para ingressar na União Europeia, um país deve atender a alguns requisitos. Assinale a alternativa que não apresenta um desses requisitos.

a) Apresentar desenvolvimento econômico.

b) Manter um regime político democrático e pautado no respeito aos direitos humanos.

c) Adotar o euro como moeda oficial.

d) Aceitar a legislação do bloco.

17. Sobre os aspectos naturais da Rússia, classifique cada uma das afirmativas abaixo em verdadeira (V) ou falsa (F).

( ) A Rússia, maior país do mundo, tem mais de 17 milhões de quilômetros quadrados.

( ) Grande parte do território russo está localizada nas baixas latitudes, onde predomina o clima frio.

( ) A Sibéria é uma região da Rússia que ocupa quase 60% de seu território, estendendo-se dos Montes Urais ao Oceano Pacífico.

( ) As planícies siberianas são densamente povoadas, apesar do clima marcado por baixas temperaturas e invernos muito rigorosos.

18. Observe o mapa e responda à questão.

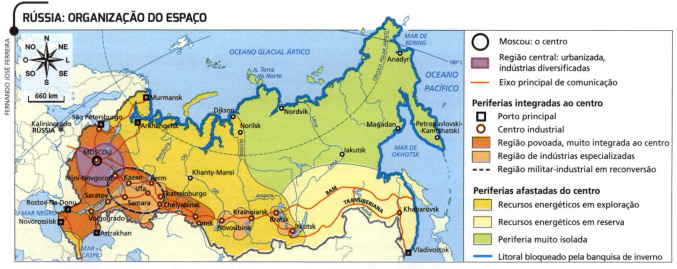

Fonte: FERREIRA, Graça M. L. *Atlas Geográfico*: espaço mundial. 4. ed. São Paulo: Moderna, 2013. p. 99.

a) A partir dos dados representados no mapa, explique a relação entre o espaço industrial russo e o povoamento do território.

_____

_____

b) Os centros industriais da Rússia são interligados por vias de transporte e de comunicação? Se sim, qual é o principal modal utilizado?

_____

_____

19. Na última década, por que o governo russo flexibilizou a entrada de imigrantes no país e o deslocamento populacional entre as regiões de seu território?

_____
_____
_____
_____
_____

20. Complete o quadro sobre a exploração dos recursos minerais na Rússia.

Rússia: exploração de recursos minerais			
Principais recursos minerais	**Áreas de exploração**	**Dificuldades enfrentadas para a exploração**	**Como é feito o escoamento da produção**

21. Leia as afirmativas abaixo e identifique as que são corretas. Depois, escolha a alternativa correspondente.

   I. Apesar de ocupar um lugar de destaque no cenário mundial, a Rússia disputa uma posição entre os membros permanentes do Conselho de Segurança da ONU.

   II. A Rússia possui um dos maiores arsenais nucleares do mundo e um considerável poderio militar.

   III. A Rússia mantém sua hegemonia na Ásia Central e grande poder de influência junto às ex-repúblicas soviéticas.

   IV. Os interesses geopolíticos da Rússia limitam-se à região da Ásia Central.

a) I, II e III estão corretas.
b) II e III estão corretas.
c) I e IV estão corretas.
d) Todas as alternativas estão corretas.

22. Com que objetivo a Rússia disputa com Estados Unidos, Canadá, Dinamarca e Noruega a delimitação de fronteiras no Oceano Glacial Ártico?

_____
_____
_____

UNIDADE 5 O CONTINENTE ASIÁTICO

RECAPITULANDO

- A Ásia é o continente mais extenso e o mais populoso da Terra: cerca de 60% da população mundial habita o continente asiático. Os países mais populosos são: China, Índia, Indonésia e Paquistão.

- No relevo asiático predominam as áreas de planalto, onde também estão localizadas as nascentes dos principais rios. A maior parte das planícies da Ásia localiza-se nas bordas do continente e em áreas banhadas por grandes rios.

- Na Ásia está localizada a Cordilheira do Himalaia, que possui as montanhas com as maiores altitudes da Terra. Essa cordilheira foi formada nos últimos 50 milhões de anos em decorrência do encontro entre a placa indiana e o sul do continente.

- Os principais rios da Ásia foram fundamentais para o desenvolvimento de diversas civilizações do continente. Atualmente, são utilizados para abastecimento doméstico e industrial, navegação, irrigação e obtenção de energia elétrica. Os rios que se destacam são: Tigre e Eufrates (no oeste do continente, na região da Mesopotâmia), Syr Daria e Amu Daria (a leste do Mar Cáspio), Indo e Ganges (Paquistão e Índia), Azul e Amarelo (China).

- A distribuição da população asiática é muito desigual: algumas áreas chegam a ter densidades superiores a 1.000 hab./km^2 (como Bangladesh), enquanto outras chegam a ter menos de 10 hab./km^2 (áreas de clima muito frio, paisagens desérticas ou montanhosas).

- O crescimento acelerado e sem planejamento da maioria das cidades asiáticas faz com que elas apresentem sérios problemas de habitação, fornecimento de serviços públicos e mobilidade urbana.

- Na Ásia, as elevadas taxas de natalidade e a redução da mortalidade foram os principais fatores responsáveis pelo crescimento populacional registrado no continente nas últimas décadas. De acordo com a ONU, porém, as taxas de crescimento populacional asiáticas apresentarão queda nas próximas décadas, pois o número de filhos por casal tem diminuído.

- Na Ásia, entre os fluxos migratórios, predomina o de mão de obra pouco qualificada, oriunda de países menos desenvolvidos do continente, em direção aos mais desenvolvidos.

- Entre os países asiáticos existem grandes diferenças socioeconômicas, havendo grande variação entre as taxas de analfabetismo, mortalidade infantil e expectativa de vida, por exemplo.

- Grande parte da população asiática se concentra em áreas rurais e desenvolve atividades ligadas à agropecuária e à exploração dos recursos minerais, sobretudo nos países menos desenvolvidos.

- Entre os principais cultivos praticados na Ásia, destacam-se os de produtos tropicais (como café, algodão, cana-de-açúcar) e a rizicultura (China, Índia, Bangladesh e Vietnã são grandes produtores de arroz). Japão e Israel destacam-se no continente pela elevada produtividade agrícola alcançada devido ao uso de técnicas modernas de plantio intensivo.

- A exploração de recursos minerais como ferro, ouro, estanho e cobre é uma atividade econômica importante na Ásia. Na extração mineral, destaca-se no continente, porém, a extração de petróleo: entre os dez maiores produtores mundiais desse recurso natural, seis estão na Ásia.

- A industrialização ocorrida nos países asiáticos foi realizada de duas maneiras principais: em alguns países, promoveu-se a entrada de indústrias estrangeiras e o investimento em educação e desenvolvimento de tecnologia; em outros países, promoveu-se a entrada de indústrias estrangeiras por meio da concessão de isenção fiscal e leis trabalhistas pouco rígidas. Nesse último caso, o crescimento econômico não foi acompanhado de uma consistente melhora das condições de vida da população.

- A exploração e o uso dos recursos naturais na Ásia têm causado diversos impactos ambientais, como o desmatamento, a poluição atmosférica e a poluição das águas de rios e oceanos.

1. Assinale a alternativa correta sobre a localização do continente asiático.

   a) A maior parte do continente asiático está localizada no Hemisfério Sul.

   b) O Mar Mediterrâneo e o Canal de Suez estabelecem as fronteiras entre Ásia e África.

   c) As fronteiras ocidentais são constituídas pelos Montes Urais, pela cadeia do Cáucaso e pelos mares Cáspio, Negro e Mediterrâneo.

   d) A Ásia é banhada pelo Oceano Glacial Ártico ao norte, pelo Oceano Atlântico a leste e pelo Oceano Índico ao sul.

2. Complete as lacunas do texto com base em seus conhecimentos.

   O Japão está situado numa área de encontro entre _____: a Euro-Asiática, a das Filipinas, a do Pacífico e a Norte-Americana. A movimentação dessas placas provoca frequentes abalos sísmicos no país. Em 2011, um forte _____, seguido de um *tsunami*, arrasou o nordeste do país. No Japão também existem _____ ativos.

3. Relacione cada frase aos rios correspondentes.

   a) Rios Tigre e Eufrates.

   b) Rios Syr Daria e Amu Daria.

   c) Rios Indo e Ganges.

   d) Rios Azul e Amarelo.

   (   ) Localizados a leste do Mar Cáspio, esses rios deságuam no Mar de Aral, um mar interior.

   (   ) A oeste do continente, esses rios atravessam regiões áridas e semiáridas, sendo essenciais para o abastecimento de água para a população e para a irrigação.

   (   ) Atravessam áreas densamente povoadas do Paquistão e da Índia e um deles é considerado sagrado para os seguidores da religião hinduísta.

   (   ) Atravessam áreas de planície da China e em sua foz estão situadas áreas densamente povoadas.

4. Sobre a distribuição da população na Ásia, classifique cada uma das afirmativas abaixo em verdadeira (V) ou falsa (F).

   (   ) A Ásia é o continente mais populoso do planeta e abriga cerca de 60% da população mundial.

   (   ) Os quatro países mais populosos do continente são China, Índia, Indonésia e Paquistão.

   (   ) O continente asiático é caracterizado pela baixa porcentagem de população que vive no campo.

   (   ) No continente asiático há grandes aglomerações urbanas com elevada concentração populacional, como Tóquio, no Japão, e Xangai, na China.

5. Observe o mapa e, com base em seus conhecimentos, responda às questões.

ÁSIA: FÍSICO

Fonte: FERREIRA, Graça M. L. Atlas geográfico: espaço mundial. 4. ed. São Paulo: Moderna, 2013. p. 96.

a) Cite o nome de alguns rios do continente que possuem trechos extensos em áreas de planície.

b) Quais são as altitudes da Cordilheira do Himalaia? Explique a formação dessa cadeia de montanhas.

c) Cite uma área do continente asiático na qual a ocupação humana pode ser dificultada pelas características do relevo. Explique sua resposta.

_____

_____

6. Considerando o continente asiático, complete o quadro abaixo com o(s) tipo(s) de vegetação que predomina em cada tipo de clima indicado.

Ásia: alguns tipos de clima e de vegetação	
Clima	Tipo(s) de vegetação
Equatorial	
Desértico	
Frio de alta montanha	
Polar	
Frio	

7. Assinale um importante fator que contribui para a diversidade climática do continente asiático.

( ) Intervenção humana na paisagem.　　( ) Ampla extensão latitudinal.

( ) Variedade da vegetação.　　( ) Proximidade dos oceanos.

8. Complete o esquema com as principais características dos problemas urbanos que predominam nas cidades asiáticas.

Ásia: principais problemas urbanos

- Habitação: _____
- Mobilidade urbana: _____
- Serviços públicos: _____

9. Interprete o gráfico e responda às questões.

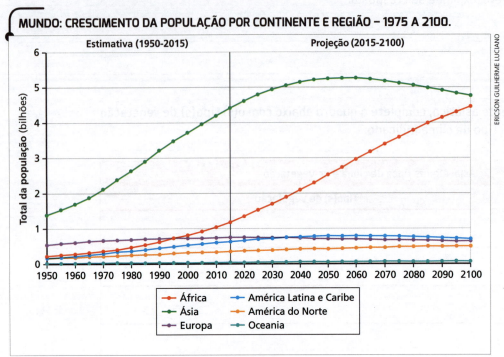

Fonte: ONU. *World population prospects 2017*: data booklet. p. 4. Disponível em: <https://esa.un.org/unpd/wpp/publications/Files/WPP2017_DataBooklet.pdf>.
Acesso em: 3 set. 2018.

a) De acordo com o gráfico, a partir de 2015, o que deve acontecer com a população asiática?

___

b) O que aconteceu com a população asiática de 1950 a 2010? Cite os fatores que contribuíram para esse fenômeno.

___

10. Explique no que se constitui o chamado fenômeno de fuga de cérebros e contextualize-o na Ásia.

___

11. Leia as afirmativas a seguir.

I. Os países do continente asiático se destacam pelo baixo índice de concentração de renda.

II. Em alguns países da Ásia, como no Japão, quase 100% da população é alfabetizada. Em outros, o índice de analfabetismo chega a atingir cerca de 50% da população, como no Paquistão.

III. Os indicadores sociais asiáticos apresentaram melhora nos últimos anos. Atualmente, a maioria dos países do continente registra elevadas taxas de expectativa de vida.

IV. No continente asiático, há grandes desigualdades socioeconômicas entre os países.

Assinale a alternativa que apresenta as afirmativas corretas.

a) I e II.   b) III e IV.   c) II e III.   d) II e IV.

12. Complete o quadro com as principais características de dois importantes sistemas de produção agrícola asiáticos.

Agricultura no continente asiático	
Produção agrícola tradicional	
Produção agrícola moderna	

13. As fotos abaixo retratam práticas agrícolas que, no continente asiático, são importantes e apresentam algumas particularidades. Com base nos elementos das imagens e em seus conhecimentos, escreva sobre elas.

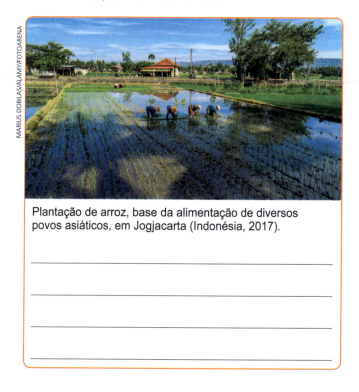

Plantação de arroz, base da alimentação de diversos povos asiáticos, em Jogjacarta (Indonésia, 2017).

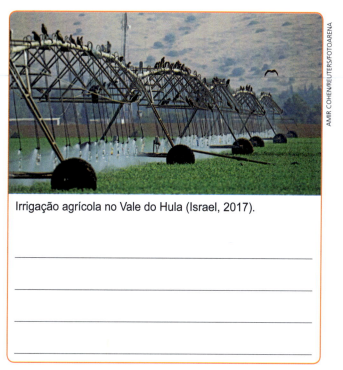

Irrigação agrícola no Vale do Hula (Israel, 2017).

14. Assinale a alternativa que indica corretamente o país abordado no parágrafo abaixo.

Esse país do Oriente Médio é um dos maiores exportadores de petróleo do mundo. Nos últimos anos, vem se desenvolvendo industrialmente e realizando investimentos na construção de refinarias e indústrias petroquímicas.

a) Índia.
b) Arábia Saudita.
c) China.
d) Turquia.

15. Complete o esquema a seguir.

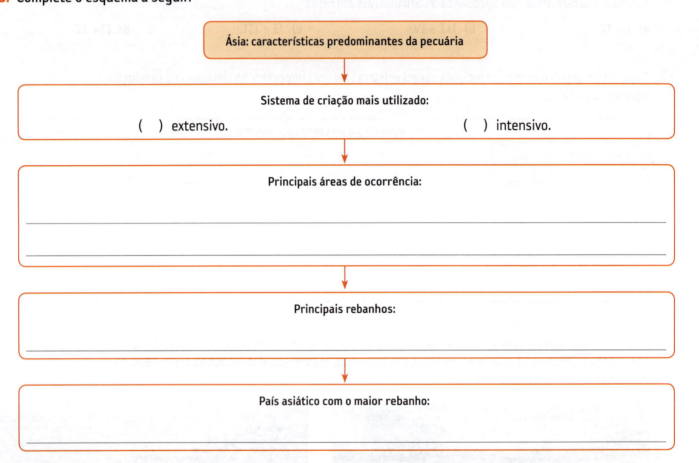

16. Preencha os quadros com os objetivos das políticas adotadas pelos países asiáticos para promover o desenvolvimento industrial de acordo com as consequências dessas políticas para as condições de vida da população.

Desenvolvimento industrial com melhora das condições de vida:	Desenvolvimento industrial sem melhora consistente das condições de vida:

17. Sobre a atividade industrial no Japão, classifique cada uma das afirmativas abaixo em verdadeira (V) ou falsa (F).

( ) A indústria japonesa depende da importação de tecnologia desenvolvida nos países vizinhos, como China e Coreia do Sul.

( ) O destaque do Japão na indústria de alta tecnologia está relacionado aos volumosos recursos investidos em universidades e institutos de pesquisa.

( ) A indústria japonesa se destaca mundialmente apenas no setor automobilístico.

( ) O Japão possui um parque industrial com modernos sistemas de produção associados à ampla oferta de mão de obra especializada e à tecnologia de ponta.

18. Responda às questões abaixo.

a) Quais economias são denominadas como Tigres Asiáticos?

_____

_____

b) Explique o modelo de desenvolvimento industrial adotado pelos Tigres Asiáticos.

_____

_____

_____

_____

19. Observe a foto seguir e assinale a alternativa que indica o alimento cultivado, a técnica agrícola utilizada e o benefício que o uso dessa técnica proporciona.

a) Arroz; terraceamento; controle da erosão.

b) Trigo; rotação de terras; fertilização dos solos.

c) Soja; terraceamento; preservação da biodiversidade.

d) Arroz; rotação de terras; fertilização dos solos.

Plantação em Guilin, na região autônoma de Guangxi (China).

20. Complete o esquema.

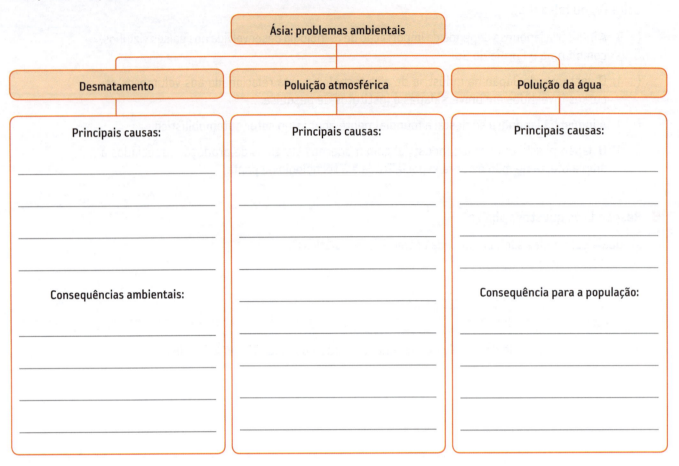

21. Observe a foto e, com base em seus conhecimentos, responda às questões.

Barco no Oceano Pacífico (2017).

a) Que fenômeno foi retratado nessa foto e quais são suas causas?

b) O que acontece com o lixo plástico que forma essa camada flutuante?

22. Explique o que a foto retrata e contextualize-a dentro da realidade do continente asiático.

Entrada de templo localizado no centro da cidade de Pequim (China, 2014).

23. Observe a foto e utilize seus conhecimentos para responder às questões.

Rio em Nova Délhi (Índia, 2017).

a) Qual problema socioambiental está sendo retratado na foto?

b) De maneira geral, qual é a situação dos principais rios asiáticos em relação à poluição?

UNIDADE 6 CHINA

RECAPITULANDO

- Nas últimas quatro décadas, a China se tornou a segunda maior economia do mundo ao alcançar índices de crescimento muito elevados. Estima-se que até 2030 a China possa se tornar a primeira economia mundial.

- Sob a liderança de Mao Tsé-Tung, a China implantou, após a Revolução Comunista de 1949, um sistema socialista organizado em torno de um partido único, o Partido Comunista da China (PCC), que detém o poder até os dias atuais.

- Para promover o desenvolvimento, Mao Tsé-Tung organizou um sistema econômico baseado na coletivização do campo (transformação de pequenas propriedades agrícolas em cooperativas estatais) e na industrialização de base.

- Na década de 1980, a China iniciou um processo de abertura de sua economia com a implantação das chamadas Zonas Econômicas Especiais (ZEE), onde as práticas capitalistas passaram a ser permitidas.

- Para integrar regiões interioranas à dinâmica economia do litoral, o governo chinês investiu em um programa de implantação de infraestrutura e modernização dos centros urbanos do interior do país.

- Para manter os altos níveis de produção industrial, o governo chinês investe, atualmente, na implantação de um modelo industrial baseado na inovação tecnológica e na exploração do mercado interno.

- Em 2018, a China possuía mais de 1,4 bilhão de habitantes, distribuídos de maneira irregular pelo território. As maiores densidades demográficas estão nas áreas litorâneas e nas de planície.

- Em meados da década de 1980, como a população chinesa já possuía 1 bilhão de habitantes, o governo do país implantou a chamada política do filho único, que impunha penalidades caso uma família tivesse mais de 1 filho.

- Em 2016, com a redução da população economicamente ativa (PEA), o governo chinês voltou a permitir que os casais tivessem mais de 1 filho.

- Na China, existem 56 grupos étnicos, mas 90% da população é da etnia han.

- No mundo, a China é o país que mais produz carvão mineral, recurso energético que contribuiu para o acelerado crescimento econômico do país. Na China, o carvão é utilizado sobretudo nas indústrias siderúrgicas e termelétricas.

- As elevadas taxas de crescimento da economia chinesa foram alcançadas mediante grandes impactos ambientais: hoje em dia, cerca de 80% das águas subterrâneas da China encontram-se contaminadas por produtos químicos, 47,3% da água dos rios não pode ser utilizada nas indústrias, e em 22 cidades chinesas a poluição atmosférica atinge níveis acima dos aceitáveis para a saúde humana.

- Para diminuir os elevados índices de poluição, as autoridades chinesas vêm aprimorando as leis ambientais e intensificando a fiscalização da produção industrial no país.

- A China exerce papel fundamental no cenário geopolítico, despontando como uma importante liderança internacional.

- Com emprego intensivo de mão de obra no setor industrial, atualmente o país ampliou suas estratégias econômicas, investindo em tecnologia, aproveitamento do mercado consumidor interno, construção de grandes obras de infraestrutura e desenvolvimento de políticas de conservação ambiental.

1. Caracterize e explique a posição da China na economia mundial nas últimas quatro décadas.

_____
_____
_____
_____
_____

2. Assinale a alternativa que explica qual foi a principal consequência da Revolução Comunista na China.

   a) Implantação de um sistema capitalista organizado em torno de diversos partidos.
   b) Implantação de um sistema socialista organizado em torno de um partido único.
   c) Implantação de um sistema monárquico centralizado na figura do imperador.
   d) Implantação de um sistema comunista organizado em torno de diversos partidos.

3. Complete o esquema sobre a era de Mao Tsé-Tung na China.

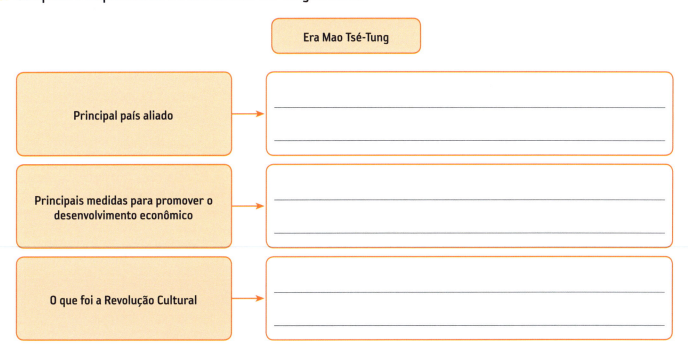

4. Assinale a alternativa que corresponde ao texto abaixo.

   Trata-se de uma antiga possessão inglesa que voltou a fazer parte da China em 1997. Desenvolveu-se com o livre-comércio e serviu de modelo para as demais ZEE chinesas. Atualmente, é um dos mais importantes centros financeiros do mundo. Apesar da grande autonomia econômica e administrativa, está submetido à China nas áreas de relações exteriores e de defesa militar.

   a) Pequim.
   b) Xangai.
   c) Macau.
   d) Hong Kong.

5. Interprete o mapa e, de acordo com seus conhecimentos, responda às questões a seguir.

Fonte: FERREIRA, Graça M. L. Atlas geográfico: espaço mundial. 4. ed. São Paulo: Moderna, 2013. p. 105.

a) Em que porção do território chinês estão situados os centros industriais e as áreas de difusão industrial da China?

b) Quais foram os objetivos do governo chinês ao implantar grandes eixos de comunicação entre o litoral e o interior?

6. Sobre as Zonas Econômicas Especiais (ZEE) da China, classifique cada uma das afirmativas abaixo em verdadeira (V) ou falsa (F).

( ) Abertas no começo da década de 1980, foram instaladas apenas no interior do país.

( ) Foram o principal mecanismo de abertura da economia da China ao incluírem práticas capitalistas.

( ) Empresas transnacionais de diversos países se instalaram nessas zonas devido à ampla oferta de mão de obra barata, aos incentivos governamentais e às facilidades para a exportação nelas oferecidas.

( ) A abertura dessas zonas é um exemplo de fracasso do projeto de abertura comercial chinesa.

( ) Na atualidade, essas zonas produzem e exportam manufaturados, contribuindo para o crescimento da economia chinesa.

7. Interprete o gráfico e responda às questões.

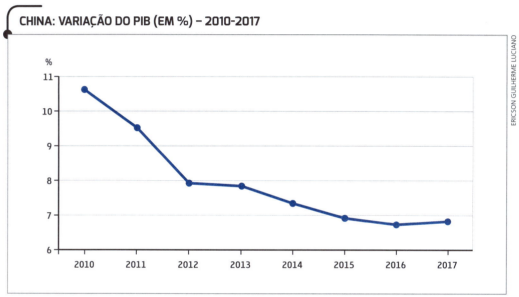

Fonte: INTERNATIONAL MONETARY FUND. *IMF Data Mapper*. Disponível em: <https://www.imf.org/external/datamapper/NGDP_RPCH@WEO/OEMDC/ADVEC/WEOWORLD/CHN>. Acesso em: 23 out. 2018.

a) O que os dados do gráfico revelam sobre o crescimento econômico da China no período representado?

b) Que medidas o governo chinês tomou para o setor industrial do país perante o cenário econômico representado no gráfico?

8. Complete o esquema sobre a política de controle de natalidade adotada na China nas últimas décadas.

Quando e por que foi adotada?	No que a política consistia?
_____	_____

China: política do filho único

Essa política teve mais sucesso no campo ou na cidade? Explique.	Quando e como a política foi flexibilizada?
_____	_____

9. Assinale a alternativa que não indica um dos fatores que interferiram na dinâmica demográfica da China ao longo das últimas décadas.

a) Políticas de controle de natalidade.

b) Popularização de métodos contraceptivos.

c) Diminuição da entrada de mulheres no mercado de trabalho.

d) Aumento na longevidade.

10. Complete o esquema sobre a principal fonte de energia chinesa.

Principal fonte de energia:	Principal uso da energia:
_____	_____

Principais impactos socioambientais:
_____

11. Analise o gráfico e responda às questões.

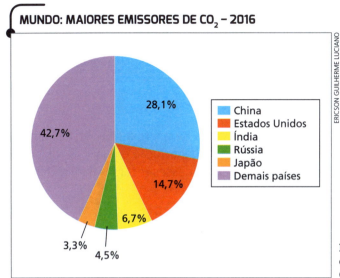

MUNDO: MAIORES EMISSORES DE CO_2 – 2016

Fonte: GLOBAL CARBON ATLAS. Disponível em: <http://www.globalcarbonatlas.org/en/CO2-emissions>. Acesso em: 24 out. 2018.

a) Em 2016, quais foram os dois países que emitiram maiores quantidades de CO_2 na atmosfera? Justifique com os dados do gráfico.

b) Escreva o motivo da elevada emissão de CO_2 pela China.

c) Quais são as consequências ambientais e sociais da elevada emissão de CO_2 na atmosfera?

12. Leia as afirmativas a seguir.

I. A contaminação da água dos rios e dos reservatórios subterrâneos vem sendo apontada como um dos mais graves problemas ambientais e de saúde pública na China.

II. Os produtos químicos industriais são as principais fontes de contaminação da água dos rios e dos reservatórios subterrâneos na China.

III. A contaminação da água dos rios ocorre somente nas áreas urbanas da China, onde estão os centros industriais do país.

IV. A contaminação da água atinge somente os recursos hídricos superficiais, como rios, lagos e lagoas.

Assinale a alternativa que apresenta somente as frases corretas.

a) I e II.
b) III e IV.
c) II e III.
d) II e IV.

13. Com base nos dados do gráfico e em seus conhecimentos, responda às questões a seguir.

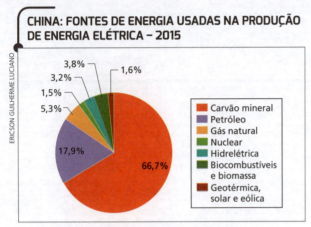

Fonte: IEA. *Energy Statistics*. Disponível em: <https://www.iea.org/stats/WebGraphs/CHINA4.pdf>. Acesso em: 5 nov. 2018.

a) A matriz energética chinesa é baseada em combustíveis fósseis? Justifique sua resposta utilizando dados do gráfico.

_____

_____

b) Quais dessas fontes de energia são obtidas, em grande parte, por meio de importação e quais são os principais países exportadores desses recursos para a China?

_____

_____

14. Assinale as frases a seguir que apresentam afirmativas que correspondem às informações representadas no gráfico.

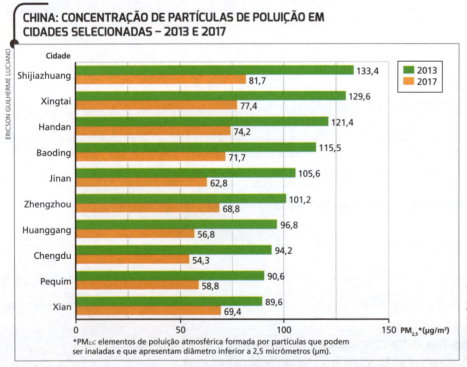

Fonte: EPIC. *Is China winning its war on pollution?* p. 7. Disponível em: <https://epic.uchicago.edu/sites/default/files/UCH-EPIC-AQLI_Update_8pager_v04_Singles_Hi%20%282%29.pdf>. Acesso em: 5 nov. 2018

( ) Durante décadas, o governo chinês priorizou o crescimento econômico em detrimento da preservação do meio ambiente. Por volta de 2010, começou a desenvolver medidas para modificar esse cenário.

( ) Em diversas cidades chinesas, as políticas de redução das fontes de energia a partir de combustíveis fósseis provocaram significativa redução da poluição atmosférica.

( ) Na maioria das cidades chinesas, as políticas de redução das fontes de energia a partir de combustíveis fósseis provocaram um aumento da poluição atmosférica.

( ) Na atualidade, o governo chinês tem a expectativa de eliminar grande parte da poluição atmosférica das grandes cidades, considerando que as taxas de poluição têm passado por contínua redução.

15. Indique os principais fatores que contribuem para os elevados índices de poluição atmosférica nas cidades mais populosas da China.

_____

_____

_____

16. As autoridades têm aplicado medidas para reverter os altos níveis de poluição nas cidades chinesas. Assinale a alternativa que não apresenta uma dessas medidas.

a) Diminuição do consumo de carvão.

b) Flexibilização das leis ambientais.

c) Aumento do uso de energia limpa.

d) Desenvolvimento de novas tecnologias de produção das indústrias.

17. Observe a foto e escreva sobre o tipo de energia retratada e o motivo de o governo chinês investir, atualmente, nessa produção.

Vista de bairro na cidade de Wuhan, importante centro industrial na China (2017).

_____

_____

_____

_____

18. Sobre a posição da China no cenário geopolítico do continente asiático, classifique cada uma das afirmativas abaixo em verdadeira (V) ou falsa (F).

( ) A China disputa a hegemonia política e econômica do continente asiático com o Japão.

( ) A China exerce liderança apenas entre os países denominados Tigres Asiáticos, como Coreia do Sul e Taiwan.

( ) A China e o Japão disputam o controle da região do Mar da China Oriental, rica em petróleo e gás natural.

( ) Além de possuir estreitas relações comerciais, a China reivindica a incorporação de Taiwan ao seu território.

19. Como são constituídas as cadeias produtivas globais e como a China se insere nesse processo?

_____
_____
_____
_____
_____

20. A partir das informações apresentadas na notícia abaixo, escreva sobre o papel da China no comércio internacional do início do século XXI.

China desbanca EUA e se torna principal país de origem das importações brasileiras

Maior destino dos produtos brasileiros, a China também se tornou a maior vendedora de produtos para o Brasil, desbancando a posição tradicionalmente ocupada pelos Estados Unidos. No âmbito do comércio exterior, os chineses já figuram como o principal parceiro do país, com um saldo comercial que já soma US$ 18,9 bilhões em 2017.

China desbanca EUA e se torna principal país de origem das importações brasileiras. *Governo do Brasil*, 23 dez. 2017. Disponível em: <http://www.brasil.gov.br/economia-e-emprego/2017/09/china-desbanca-eua-e-se-torna-principal-pais-de-origem-das-mportacoes-brasileiras>. Acesso em: 25 out. 2018.

_____
_____
_____
_____
_____

21. Complete o quadro com os principais produtos comercializados entre China e Brasil. Consulte as palavras abaixo.

> aparelhos de celular   petróleo   computadores   equipamentos de transmissão
> produtos químicos   minério de ferro   circuitos integrados   ouro

Relações comerciais China-Brasil	
Principais importações chinesas	Principais importações brasileiras

22. Qual é a principal diferença entre os produtos que o Brasil importa da China e os que a China importa do Brasil?

23. A produtividade do trabalhador chinês é menor que a do trabalhador brasileiro? Justifique sua resposta.

24. Analise a charge abaixo e faça o que se pede.

Charge de Paresh Nath, ilustrador indiano.

a) Explique a cena criada na charge, identificando o que cada personagem representa.

_____
_____
_____

b) Que crítica o autor da charge fez por meio dessa cena?

_____
_____
_____
_____

c) Quais são os interesses da China no continente africano?

_____
_____
_____
_____
_____

UNIDADE 7 JAPÃO E TIGRES ASIÁTICOS

RECAPITULANDO

- O arquipélago japonês é formado por quatro grandes ilhas, além de milhares de outras pequenas ilhas, em sua maioria desabitadas.
- A maior parte do relevo do Japão constitui-se de montanhas, e o país está localizado no Círculo de Fogo do Pacífico, na região de encontro das placas tectônicas Euro-Asiática, do Pacífico, Norte-Americana e das Filipinas.
- Por estar situado em uma área de grande instabilidade tectônica, o Japão é um país onde ocorrem constantes terremotos e *tsunamis*.
- Grande parte da população japonesa se concentra nas áreas de planície, que são, em geral, densamente povoadas.
- O aumento das despesas com os idosos e a diminuição da população economicamente ativa (PEA) são desafios enfrentados pelo Japão.
- Atualmente, um grupo de ilhas no Mar da China Oriental é alvo de disputa entre Japão e China por estarem situadas próximas a importantes rotas marítimas e a reservas de petróleo e gás.
- O expansionismo japonês na Ásia se iniciou no fim do século XIX, diante da carência nipônica em recursos minerais e energéticos para abastecer as indústrias do país.
- O imperialismo japonês no Pacífico se chocou com os interesses econômicos e políticos dos Estados Unidos, e os dois países entraram em conflito durante a Segunda Guerra Mundial.
- Após a vitória da Revolução Comunista na China, em 1949, os Estados Unidos investiram maciçamente na recuperação econômica do Japão com o objetivo de conterem a expansão comunista na Ásia.
- O Japão é atualmente a terceira maior economia do mundo e um dos líderes mundiais na produção de tecnologia.
- Tóquio é o centro da megalópole conhecida como Tokaido, que concentra aproximadamente 60% da população do país.
- Os principais problemas ambientais que afetam o Japão são a poluição do ar e da água.
- Hong Kong, Coreia do Sul, Cingapura e Taiwan fazem parte dos Tigres Asiáticos, grupo de economias que, a partir da década de 1970, se desenvolveram como plataformas de exportação: empresas estrangeiras instalaram-se em seus territórios para produzirem mercadorias industrializadas a preços muito baixos para serem exportadas.
- Na década de 1980, Indonésia, Malásia, Tailândia, Vietnã e Filipinas também se tornaram plataformas de exportação, integrando os Tigres Asiáticos.
- Os primeiros Tigres Asiáticos (Hong Kong, Coreia do Sul e Taiwan) conseguiram dar um salto em termos econômicos e tecnológicos, produzindo tecnologia e alcançando bons índices socioeconômicos.
- Uma das principais causas do desenvolvimento socioeconômico ocorrido na Coreia do Sul foi a melhora da educação pública do país.

1. Sobre o território do Japão, classifique cada afirmativa abaixo em verdadeira (V) ou falsa (F).

    ( ) O território do Japão é formado por apenas uma grande ilha, denominada de Honshu.

    ( ) O Japão está localizado no Círculo de Fogo do Pacífico, uma região de encontro de placas tectônicas.

    ( ) A maior parte do território japonês é constituída de montanhas, o que dificulta a ocupação humana.

    ( ) Apesar de estar situado em uma área de instabilidade tectônica, os abalos sísmicos que acontecem no Japão não interferem no dia a dia da população do país.

2. Complete cada quadro abaixo com algumas medidas tomadas pelo Japão para adaptar-se aos dois fatores naturais indicados.

Frequentes abalos sísmicos	Pequena extensão territorial
• _____	• _____
• _____	• _____
• _____	• _____
• _____	

3. Explique por que o Japão é um país onde ocorrem frequentes terremotos.

    _____
    _____
    _____

4. Assinale a alternativa incorreta sobre as consequências nas próximas décadas da atual dinâmica populacional no Japão.

   a) Aumento das despesas com a saúde.

   b) Aumento dos custos sociais dos idosos.

   c) Diminuição da população economicamente ativa (PEA).

   d) Aumento do número de crianças e jovens.

5. Explique por que a cultura corporativa japonesa é diferente da ocidental.

6. Explique quais são as principais características de cada aspecto da população japonesa mencionado abaixo.

   a) Densidade demográfica:

   b) Expectativa de vida:

   c) Taxa de fecundidade:

   d) Crescimento populacional:

7. Com base no mapa e em seus conhecimentos, responda às questões a seguir.

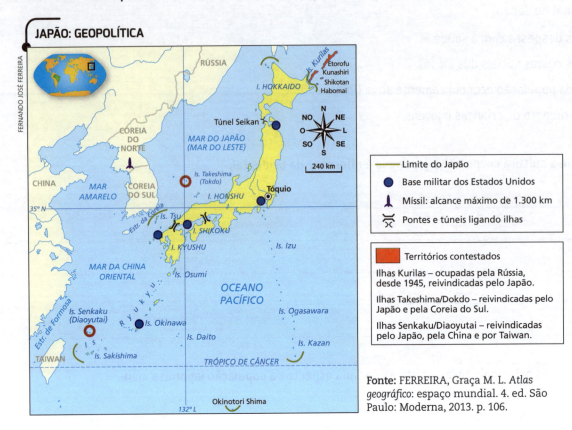

Fonte: FERREIRA, Graça M. L. Atlas geográfico: espaço mundial. 4. ed. São Paulo: Moderna, 2013. p. 106.

a) Localize no mapa as Ilhas Senkaku (ou Ilhas Diaoyutai). Por que o Japão e a China disputam o controle dessas ilhas?

_____

_____

_____

_____

b) Localize no mapa os limites territoriais do Japão. Que particularidade do território japonês pode ser constatada pela observação de seus limites?

_____

_____

c) Considerando aspectos históricos e econômicos atuais, como se explica a existência de bases militares estadunidenses no Japão?

_____

_____

_____

_____

8. Assinale a alternativa correta sobre as atividades agrícolas do Japão.

a) O Japão produz a totalidade dos alimentos que consome.

b) Para aumentar a produtividade do setor agrícola, o Japão investe no emprego de tecnologia.

c) O trigo é o principal produto cultivado no Japão.

d) Todo o território japonês é apropriado para a agricultura.

9. Complete o diagrama abaixo com informações sobre o expansionismo japonês na Ásia.

Expansionismo japonês

- Período de ocorrência: _____
_____

- Locais ocupados: _____
_____

- Interesses japoneses: _____
_____
_____

Fatores que levaram ao fim da supremacia japonesa na Ásia

_____
_____
_____

10. Complete o quadro.

Pós-Segunda Guerra: principais fatores do milagre econômico japonês	
Fatores externos	Fatores internos

11. O setor industrial do Japão é bastante diversificado, e as mercadorias produzidas são comercializadas no mundo todo. Associe as duas colunas, relacionando o tipo de indústria japonesa às suas respectivas características.

A. Siderúrgica.

B. Automobilística.

C. Eletroeletrônica.

D. Naval.

E. Têxtil.

( ) Trata-se de uma das maiores construtoras de navios do mundo.

( ) Destaca-se por produzir equipamentos de imagem e som, transmissão de dados digitais e microcircuitos.

( ) Especialista em novas fibras artificiais.

( ) Depende de importações de matéria-prima, principalmente da Ásia, da América do Sul e da Austrália.

( ) Possui um sistema de produção que emprega robótica e oferece alta qualidade.

12. Com base no mapa e em seus conhecimentos, responda às questões.

JAPÃO: MEGALÓPOLE E INDÚSTRIA

Fonte: FERREIRA, Graça M. L. *Moderno Atlas Geográfico*. 6. ed. São Paulo: Moderna, 2016. p. 50.

a) Como é chamada a megalópole japonesa?

b) Qual é o nome da cidade central da megalópole japonesa e quais são suas principais características?

c) Além dos aeroportos, qual importante meio de transporte é utilizado para interligar as cidades da megalópole japonesa?

13. Leia as afirmativas abaixo e assinale a alternativa que indica as frases que são corretas.

   I. A maior parte da energia produzida no Japão é proveniente de termelétricas.

   II. As usinas atômicas são pouco significativas para a produção de energia necessária para o país.

   III. O Japão é autossuficiente em petróleo, principal fonte de energia utilizada pelo país.

   IV. O Japão depende das importações de algumas fontes de energia, como o gás natural da Malásia e o carvão mineral da Austrália.

   a) I, II e III.
   b) II e III.
   c) I e IV.
   d) Todas as afirmativas são corretas.

14. Quais são os principais problemas ambientais enfrentados pelo Japão?

_____
_____
_____

15. A partir da década de 1970, os Tigres Asiáticos vivenciaram um acelerado processo de industrialização resultante de investimentos externos, desenvolvendo-se como plataformas de exportação de bens de consumo em larga escala. Nas décadas seguintes, outras economias integraram esse grupo, registrando avanços nos índices de desenvolvimento social e econômico interno. Preencha o quadro com as economias denominadas de Tigres Asiáticos e Novos Tigres.

Primeiros Tigres Asiáticos	Novos Tigres Asiáticos

16. Quais foram os interesses do Japão em investir capital nas economias dos Tigres Asiáticos?

_____
_____
_____
_____

17. Complete o esquema sobre o processo de desenvolvimento dos Primeiros Tigres Asiáticos.

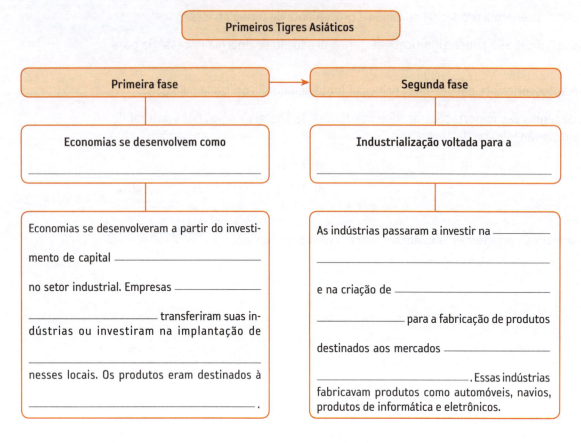

18. A qual país o texto abaixo se refere? Assinale a alternativa correta.

É um dos Novos Tigres Asiáticos, cujo território é constituído por mais de 17.500 ilhas e é habitado por mais de 300 grupos étnicos que falam diversos idiomas. Esse país se destaca como importante produtor de borracha e de recursos energéticos, como petróleo, gás e carvão. Além disso, é o maior produtor de óleo de palma do mundo, o que contribui para os elevados índices de desmatamento da floresta tropical presente no país.

a) Cingapura.

b) Indonésia.

c) Malásia.

d) Tailândia.

19. Explique os fatores envolvidos na origem da Coreia do Sul a partir de 1945.

_____
_____
_____
_____
_____

20. Analise o gráfico e responda às questões.

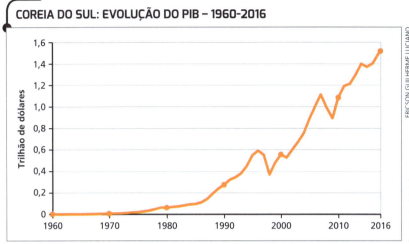

Fonte: BANCO MUNDIAL. Disponível em: <https://datos.bancomundial.org/?locations=KR-KP>. Acesso em: 12 set. 2018.

a) De acordo com o gráfico, a partir de que década o PIB da Coreia do Sul começou a registrar um crescimento muito elevado? De quanto foi esse crescimento?

_____
_____
_____

b) De acordo com seus conhecimentos, quais foram os principais fatores que possibilitaram o crescimento do PIB sul-coreano ao longo desse período?

_____
_____
_____
_____
_____
_____

21. Complete o esquema com as principais causas do desenvolvimento socioeconômico ocorrido na Coreia do Sul.

UNIDADE 8 ORIENTE MÉDIO, ÍNDIA E OCEANIA

RECAPITULANDO

- O Oriente Médio é uma região estratégica em termos econômicos e geopolíticos, pois conecta a Ásia, a Europa e a África, e abriga as maiores jazidas de petróleo do mundo.

- A região do Oriente Médio é marcada pela presença de desertos, em decorrência dos climas árido e semiárido ali predominantes.

- No mundo, o maior número de países em situação de estresse ou de penúria hídrica estão no Oriente Médio.

- Os países do Golfo Pérsico concentram cerca de 48% das reservas petrolíferas do mundo, e todos eles, com exceção de Barein, fazem parte da Organização dos Países Exportadores de Petróleo (Opep).

- O petróleo produzido nos países do Golfo Pérsico tem grande importância no mercado internacional, pois esse recurso mineral é amplamente utilizado pelo setor industrial.

- A partir do final do século XX, alguns países do Oriente Médio passaram a diversificar suas economias, investindo no desenvolvimento do setor de serviços com o capital obtido da exploração de petróleo.

- O Oriente Médio é uma região marcada por conflitos e tensões, como o conflito entre Israel e Palestina, a atuação do Estado Islâmico, a reivindicação de território pelos curdos e o conflito na Síria.

- As tensões entre israelenses e palestinos surgiram em 1948, após a criação do Estado de Israel e a não criação de um Estado Palestino. Até os dias atuais, o conflito permanece, pois ambos os grupos reivindicam reconhecimento e território próprio.

- Os curdos são um povo com características culturais e língua próprias que vive em algumas regiões do Oriente Médio. Eles reivindicam a criação de um Estado.

- Em 2011, iniciou-se uma guerra civil na Síria que, até o início de 2018, tinha provocado a migração ou a remoção de mais de 50% da população do país. Até a atualidade, diferentes grupos religiosos e étnicos disputam o protagonismo no conflito e o controle de regiões do país.

- A urbanização na Índia ocorre de maneira acelerada e cada vez mais pessoas se deslocam para grandes e médias cidades do país. Contudo, a população indiana ainda é predominantemente rural.

- Os centros urbanos indianos apresentam forte contraste social, possuindo infraestrutura precária, intensa favelização e acesso restrito aos serviços de saneamento básico.

- Nas últimas décadas, a Índia ganhou importância na área de Tecnologia da Informação (TI): empresas indianas prestam serviços a grandes corporações transnacionais, criando aplicativos, programas e outros produtos.

- A maior parte da população da Oceania é descendente de europeus e de povos nativos como os maoris e os aborígines.

- A Austrália é o maior país da Oceania. Apresentou significativo desenvolvimento econômico nas duas últimas décadas do século XX, fruto de sua crescente integração na economia global.

1. Complete o diagrama sobre alguns aspectos naturais do Oriente Médio.

```
                Aspectos naturais
                 do Oriente Médio
```

Relevo:	Hidrografia:	Clima:

2. Qual é a importância dos países do Oriente Médio para a produção e o fornecimento de recursos energéticos para o mundo?

_____
_____
_____

3. Assinale a alternativa correta sobre o Oriente Médio.

a) As atividades agrícolas fornecem o maior montante de capital utilizado na modernização dos centros urbanos do Oriente Médio, como Abu Dabi e Dubai.

b) A modernização das cidades do Oriente Médio tem sido possível graças aos recursos obtidos com o comércio e a prestação de serviços urbanos.

c) A modernização dos centros urbanos do Oriente Médio tem sido realizada, principalmente, com o capital obtido da exploração e da exportação de petróleo.

d) A pecuária é a principal fonte dos recursos financeiros utilizados na modernização das cidades do Oriente Médio.

4. Leia o trecho da reportagem abaixo e, com base em seus conhecimentos, responda às questões.

Oriente Médio pode se tornar inabitável

Novos dados confirmam que o Oriente Médio e o norte da África poderiam se tornar inabitáveis em algumas décadas, já que a disponibilidade de água doce diminuiu quase dois terços nos últimos 40 anos, algo que muitos cientistas já temiam. [...] A disponibilidade de água doce por habitante no Oriente Médio e norte da África é dez vezes menor do que a média mundial.

BAHER, Kamal. Oriente Médio pode se tornar inabitável. *Envolverde*, 15 mar. 2017. Disponível em: <http://envolverde.cartacapital.com.br/oriente-medio-pode-se-tornar-inabitavel-2/>. Acesso em: 26 out. 2018.

a) De acordo com a reportagem, por que o Oriente Médio pode se tornar inabitável?

b) Cite um aspecto natural que contribui para a baixa disponibilidade de água no Oriente Médio?

c) No Oriente Médio, de onde provém a maior parte da água doce consumida pela população?

d) Quais serão os principais impactos socioambientais provocados pela diminuição de disponibilidade de água doce no Oriente Médio nos próximos anos?

5. Por que cidades como Dubai e Abu Dabi são associadas, muitas vezes, à existência de "escravidão moderna"? Explique.

6. Sobre os conflitos entre israelenses e palestinos, classifique cada uma das afirmativas abaixo em verdadeira (V) ou falsa (F).

( ) Originaram-se após a criação do Estado da Palestina, em 1947, como previa o plano de partilha da ONU.

( ) No decorrer das últimas décadas, grande parte da população árabe se refugiou em locais próximos ao território da Palestina, como na Faixa de Gaza e em áreas da Jordânia e da Síria.

( ) O Estado de Israel foi sendo consolidado territorialmente por meio de três guerras que perduraram anos.

( ) A proposta de criação do Estado de Israel em 1948 foi aceita por toda a comunidade internacional.

7. Complete o quadro com informações sobre o Estado Islâmico.

Quando foi criado?	
O que reivindica?	
Qual é sua principal forma de atuação?	
Como tem sido combatido?	

8. Leia o texto e assinale a alternativa que indica corretamente a que povo ele se refere.

Trata-se de um povo com características culturais e língua próprias que vive em territórios da Turquia, Síria, Iraque e Irã e reivindica a criação de um Estado. Em outubro de 2017, por exemplo, foi realizado um referendo para declarar a independência de uma parcela desse povo situado no norte do Iraque. No entanto, o governo iraquiano não reconheceu o referendo e exigiu a anulação do pleito.

a) Palestinos.

b) Curdos.

c) Israelenses.

d) Árabes.

9. Com base no mapa e em seus conhecimentos, responda às questões.

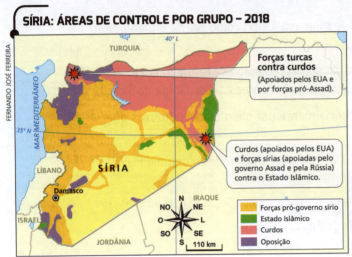

a) O território sírio é ocupado por diferentes grupos que disputam o controle de regiões do país. Que grupos foram representados no mapa?

b) Quem são os curdos e o que eles reivindicam?

c) De que forma o Estado Islâmico atua na Síria?

d) Qual era o nome do líder do governo sírio em 2018 e o que os grupos que se opunham a esse governo reivindicavam?

e) A partir de 2014, tropas militares de outros países passaram a interferir na guerra da Síria. Quais países eram aliados ao governo sírio e quais se aliaram aos opositores?

f) Qual é o interesse geopolítico sobretudo dos Estados Unidos e da Rússia na Síria?

10. Assinale a alternativa que não apresenta uma das reivindicações feitas pelas populações de vários países do norte da África e do Oriente Médio durante a Primavera Árabe.

a) Direito ao voto direto.

b) Melhoria das condições sociais.

c) Ampliação dos poderes dos líderes árabes.

d) Luta por democracia.

11. Com base em seus conhecimentos, explique o contexto da foto abaixo.

Moradores caminham sobre as ruínas de um hotel destruído durante os conflitos na Síria, na cidade de Aleppo (2016).

12. Assinale a alternativa a seguir que identifica corretamente o rio ao qual o texto se refere.

Trata-se do maior rio da Índia, com 2,5 mil quilômetros de extensão; nasce no Himalaia e deságua no Golfo de Bengala. Nas margens desse rio, considerado sagrado para os seguidores do hinduísmo, estão situadas algumas das maiores cidades indianas, como Calcutá e Nova Délhi. Nesses locais, o lançamento de resíduos residenciais e industriais sem tratamento agravam a contaminação das águas desse rio.

a) Rio Indo.

b) Rio Amarelo.

c) Rio Ganges.

d) Rio Azul.

13. Leia as afirmativas a seguir e assinale a alternativa que identifica quais são as frases corretas.

I. Mumbai é a maior cidade da Índia e uma das maiores metrópoles do mundo.

II. Mumbai, Nova Délhi e Bangalore são algumas das cidades indianas que se destacam no mundo como exemplo de planejamento urbano.

III. Os principais centros urbanos indianos apresentam forte contraste social, com infraestrutura precária, intensa favelização, sistema de saúde defasado e acesso restrito a água tratada.

a) I e II.

b) I e III.

c) II e III.

d) Todas as afirmativas estão corretas.

14. Observe o mapa e responda às questões.

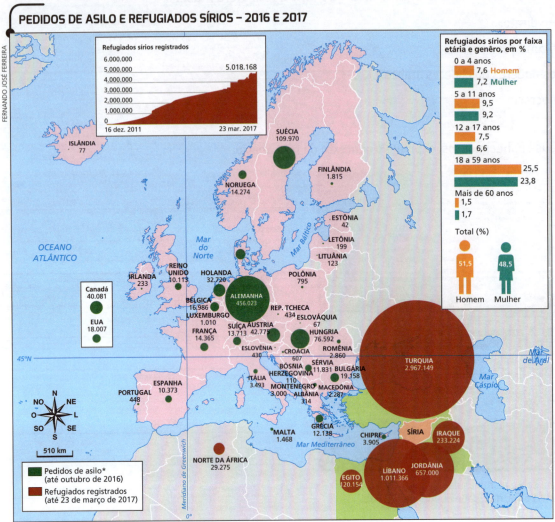

Fonte: PÚBLICO. *Há já mais de cinco milhões de refugiados sírios.* Disponível em: <www.publico.pt/2017/03/30/mundo/noticia/ha-ja-mais-de-cinco-milhoes-derefugiados-sirios-1767141>. Acesso em: 26 out. 2018.

a) De acordo com o mapa, quais países registraram entre 2016 e 2017 os mais elevados números de refugiados sírios?

_____

_____

b) Entre 2016 e 2017, a parcela mais considerável de refugiados sírios possuía que faixa de idade?

_____

_____

c) Entre o final de 2011 e o início de 2017, havia aproximadamente quantos refugiados sírios no mundo?

_____

_____

d) Até o final de 2016, que país europeu tinha recebido o maior número de pedidos de asilo pela população síria?

e) Por qual motivo um grande número de refugiados e asilados políticos provém da Síria?

15. A Índia é um país marcado por um contraste social muito elevado e resultado de características históricas e sociais específicas. Quais são essas características?

16. Complete o esquema abaixo com as principais características das atividades econômicas na Índia.

Índia: setores da economia

- Agricultura:
- Indústria:
- Serviços:

17. Nas últimas décadas, cresceu o número de empresas transnacionais instaladas na Índia. Quais são os principais motivos desse crescimento?

18. Identifique no mapa a região destacada com listras e explique a situação dessa região em relação à Índia e ao Paquistão.

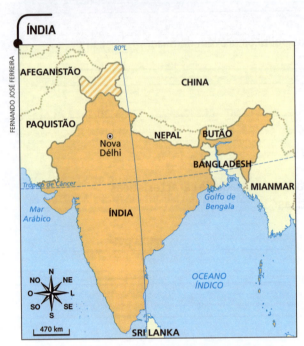

Fonte: FOLHA DE S.PAULO. Disponível em: <https://www1.folha.uol.com.br/turismo/1141458-regiao-de-conflitos-caxemira-espera-por-turistas.shtml>. Acesso em: 17 set. 2018.

19. Branqueamento de corais é o nome dado ao processo de perda de coloração dos corais em decorrência da morte de pólipos que ficam em seu interior. Leia a notícia abaixo e responda às questões.

O processo de branqueamento da Grande Barreira de Coral da Austrália é mais grave que o previsto inicialmente e o dano continuará aumentando, a não ser que aconteça uma redução das emissões dos gases que provocam o efeito estufa, advertiram os cientistas [...].

Os 2,3 mil quilômetros da barreira natural, que desde 1981 está na lista de patrimônio mundial da Unesco, sofreu no ano passado o processo de branqueamento mais grave registrado até hoje por causa do aquecimento das águas dos oceanos entre março e abril.

A observação aérea e submarina mostrou que 22% dos corais foram destruídos em 2016, mas agora a proporção chega a 29%. Como este é o segundo ano consecutivo de branqueamento, a perspectiva é muito negativa.

PERRY, Martin. Situação da Grande Barreira de Coral australiana é mais grave que o previsto. *Carta Capital*, 29 maio 2017. Disponível em: <https://www.cartacapital.com.br/sustentabilidade/situacao-da-grande-barreira-de-coral-australiana-e-mais-grave-que-o-previsto>. Acesso em: 26 out. 2018.

a) Qual foi a proporção de corais destruídos no período a que a notícia se refere?

b) De acordo com a notícia, qual foi a principal causa do processo de branqueamento dos corais da Grande Barreira da Austrália?

20. Complete o diagrama sobre a população da Austrália e a da Nova Zelândia.

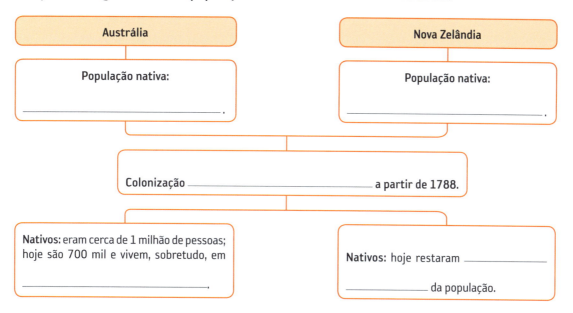

- Austrália
  - População nativa: _____.
- Nova Zelândia
  - População nativa: _____.
- Colonização _____ a partir de 1788.
- **Nativos:** eram cerca de 1 milhão de pessoas; hoje são 700 mil e vivem, sobretudo, em _____.
- **Nativos:** hoje restaram _____ da população.

21. Preencha o quadro sobre as atividades econômicas na Austrália.

Austrália: atividades econômicas		
Agricultura	Pecuária	Extrativismo mineral

22. Observe a foto e responda à questão.

Paisagem em Gisborne (Nova Zelândia, 2018).

- Que importante aspecto natural da Nova Zelândia está retratado na imagem? Explique.

_____